基因变迁史

王友华　蔡晶晶　唐巧玲　董雪妮　著

科学出版社
北　京

内 容 简 介

本书以基因为主线贯穿全文，分为四章。从解读基因和基因变化类型入手，讲述了基因变迁在大自然中各种生物体的生命过程中所起到的决定性作用，进一步描绘了现代社会中人类利用生物技术、通过改造基因来获取新的生物体或者新产品的案例，最后展望了未来基因变迁将给人类带来的福祉。

本书适合科学工作者及喜爱科学的普通公众阅读。

图书在版编目（CIP）数据

基因变迁史 / 王友华等著．—北京：科学出版社，2018.3

ISBN 978-7-03-035246-0

Ⅰ.①基… Ⅱ.①王… Ⅲ.①基因–变迁–研究 Ⅳ.①Q343.1

中国版本图书馆CIP数据核字（2018）第032987号

责任编辑：李 迪 / 责任校对：王萌萌

责任印制：张 伟 / 封面设计：北京铭轩堂广告设计有限公司

科学出版社 出版

北京东黄城根北街16号

邮政编码：100717

http://www.sciencep.com

北京虎彩文化传播有限公司 印刷

科学出版社发行 各地新华书店经销

*

2018年3月第 一 版 开本：720×1000 1/16

2018年3月第一次印刷 印张：10 1/2

2021年1月第四次印刷 字数：147 000

定价：68.00元

（如有印装质量问题，我社负责调换）

序言 Foreword

讲好科学的故事

这本书是我认识的几个年轻人写的。我很高兴看到这本书中展现出他们对生命科学的兴趣与思考。他们在本书中试图用一个个故事描述出基因的变化所带来的丰富多彩的生命世界。

说到“基因”，一般人恐怕都是知其然不知其所以然，即使是有生物学专业背景的人也不可能了解得面面俱到，“基因”的神秘给人们带来两种截然不同的认知感受：一方面觉得有关“基因”的研究和发现都高大深奥，代表着科学的高境界；另一方面又觉得“基因”不可控而惧怕它，影视作品中就常常出现科学怪人与基因灾难。近年来对“转基因”的热议与担忧也体现出这种不信任和恐惧。

在科学工作者眼里，生命世界是神秘而富有挑战的，需要去揭开、去了解的生命机制太多，了解这一过程，如何利用它造福人类自身是最富创造力的工作。但同时，在科学工作者眼里，生命世界又是最不神秘的，因为无论什么样的生物，高等的还是低等的，单细胞的还是多细胞的，植物还是动物，水生的还是陆生的……它们的发生发展都遵循相同的原理，存在共同的化学基础，最终在本质上都可以归因于基因的变化。

在地球的46亿年发展历程中，生命从无到有，从少到多，最终到智慧生命——人类出现，人从被动适应自然，到主动改造自然，影响了整个地球的生态。人的创造力并非上帝造物，而是建立科学的体系研究生态系统中的一切生命再为我所用。所以自然界中那些“天然”的发生和人类为了自己生存与发展而进行的“人工”的创造，实际上并没有本质的区别。

希望更多的人能看看这本书，从这些讲述基因变化的科学小故事中，多了解一点生命科学，为一个个科学发现点赞，爱科学，学科学，弘扬科学精神。

范云六

2018年2月于北京

前言 Preface

在基因变迁中探索生命的奥秘

在45亿至35亿年前，地球上出现了最原始的生命迹象。原始生命非常简单，它们只是一些生物大分子物质的聚集，由量变发展到质变，出现了自我复制和繁殖现象。随着进化发展，从单细胞到多细胞，从海洋到陆地，从微生物到动物、植物，大自然出现了一批又一批的新生命，多元化生物体不断涌现出来，宇宙万物开始丰富起来。除了一些特例外，所有的生命体都有一种相同的遗传物质，这就是基因，而多样化的生命世界是由基因的变迁造就的。

面对绚丽多彩的自然界和生活中多样的生物体，人类一直在探索生命自身的奥秘。我们很好奇，生命是怎么出现的？是如何进化成今天我们所看到的样子的？遗传信息“基因”在生命进化中又出现了哪些奇妙的变化？人类是如何借鉴基因的神奇变化来改变现代生活的，并且又会带来什么样的变化和不可估量的成就呢？科学家经过坚持不懈的探索与研究，终于弄清楚了其中的一些奥秘，基因作为生命最基本的遗传物质，它会发生变化，这些变化又会给生命体带来各种变化，了解和研究基因便成了我们认识这个大千世界最重要的工作。

走进基因，解读基因，就会发现基因的千变万化，我们知道，每种生物体的基因，无论从大小还是从种类来讲，都是各不相同的，并且随时都有可能发生变异，自然界存在各种类型的基因变异。自然界中的各类生命，无论动物、植物，还是微生物体内都存在遗传变异，这些变异会引入新的性状，让生命获得进化的动力，物种进化伴随着基因变迁，而基因变迁又推动了生物的不断进化与更新。

人类作为智慧生命，其创造性体现在发现了万物形形色色的外在表象之后，开始对其进行深入的思考和研究，运用现代生物技术对基因进行深入探索研究，使基因变迁为人类的生存和发展服务。科学家研制了抗虫棉，使棉花不再害怕棉铃虫；科学家培育了杂交水稻，解决了全球一半以上国家的粮食短缺问题；科学家种植出“蓝色妖姬”，为生活带来梦幻的视觉享受；科学家利用动物、植物和微生物的生命体作为工厂，生产药物和各种生物活性物质；科学家甚至已经开始模拟创造新生命体……这一切都源于我们正在不断揭开的生命的奥秘。

在未来，基因变迁还会给人类带来更多的福祉，涉及农业、医药、工业、能源、环保等各领域，甚至使基因与电子信息接轨，带来神奇科幻般的世界。

本书为大家解读各式各样的基因变迁，讲述大自然中基因变迁的故事，描绘科学引导下进行的基因变迁，展望基因变迁为我们带来的未来发展。希望本书能带给读者了解生命奥秘的喜悦，以及进行科学探索的好奇。越了解基因，就越发现我们知道得还太少，但也越发知道基因并没有那么神秘，生命的奥秘需要我们不断去探索，我们不必惧怕科技给生活带来的变化，生物技术会让我们的生活越来越好！

著　者

2017 年 5 月

目录

Contents

第 1 章

生命的密码——基因

1. 解读基因

(1) 基因的发现

基因一词是英语“gene”的音译，有“开始”“生育”之意。它源于印欧语系，后变为拉丁语的gM（氏族）及现代英语中genus（种属）、genius（天才）、genial（生殖）等诸多词汇。遗传学上，基因又称为遗传因子，是具有遗传效应的DNA片段（部分病毒如烟草花叶病毒、HIV的遗传物质是RNA)，是控制生物性状的基本遗传单位。它储存着生命的种族、血型、孕育、生长、凋亡等过程的全部信息，可以说，生物体的生老病死、行为、性格和情绪等一切生命现象都与基因相关。基因的发现和认识经历了漫长而艰辛的过程，不断深化，不断发现，才使得今天的人们能够站在科学的肩膀上探索更多未知的基因奥秘。

19世纪60年代，奥地利学者孟德尔（G. J. Mendel）在种植豌豆的过程中，发现豌豆的形状、颜色等性状是可以传递给下一代的，而且这种传递具有规律性。孟德尔进行了8年的杂交试验，于1866年发表了《植物杂交试验》的论文，提出了生物的遗传单位是遗传因子的概念，也就是现代遗传学中基因的概念，并归纳出遗传学的两个基本规律，即基因的分离规律和自由组合规律，也被统称为孟德尔遗传规律。这两个规律的发现和提出成为后来遗传学诞生与发展的重要基础。在这篇论文中，孟德尔使用字母表示控制性状的遗传因子，大写字母代表显性性状基因，相同的小写字母则代表对应的隐性性状基因，这种用符号表示基因的方式一直沿用至今。

到20世纪初，研究者发现许多动植物的遗传都符合孟德尔定律。1909年，丹麦学者约翰森（W. L. Johansen）最早提出了“基因”这一名词，并定义为在生物中控制性状，且遗传规律符合孟德尔遗传定律的遗传因子。进而他又提出了基因型和表现型的概念，分别对应基因及其表现的性状。

1910年，美国遗传学家兼胚胎学家摩尔根（T. H. Morgan）在实验中偶然发现了一只白眼雄果蝇，将它与另一只红眼雌果蝇进行交配，发现下一代的果蝇全部是红眼。但是如果是白眼雌果蝇与正常的红眼雄果蝇交配，后代中雄果蝇全部是白眼，雌果蝇全部是正常的红眼。这一实验现象并不符合经典的孟德尔定律。摩尔根认为白色复眼（white eye，WE）是突变型，说明基因可以发生突变。除了复眼颜色这一性状，1911 年摩尔根又发现了果蝇中与性别连锁的长翅、短翅这一对性状，X 连锁基因白眼和短翅两个品系的杂交后代中，既出现了白眼短翅果蝇，也有正常的红眼长翅果蝇。根据果蝇的杂交实验，摩尔根认为基因在染色体上以直线方式排列，并提出了遗传学的第三个基本规律——基因的连锁和交换规律，与孟德尔定律统称为经典“遗传学三定律”。

早期对基因的描述都是概念性的，很长时间都认为基因是进行交换、重组和突变的最小遗传单位，随着科学的进步与技术的发展，科学家展开了对基因的深度探究，逐渐揭开了基因的物理、化学性质及其结构，对遗传的认识不断深入。

（2）基因的解析

基因的化学本质：核酸分子。20 世纪初期，人们发现了基因的存在之后，对于其化学本质尚不了解。这时，英国科学家格里菲斯（F. Griffith）在肺炎双球菌中发现了一个非常奇怪的现象。他将用高温杀死的 S 型有毒细菌同活的 R 型无毒细菌混合起来，注射到实验老鼠体内。正常情况下，有毒的细菌已被杀死，活的细菌又无毒，老鼠不会得病，但出乎意料的是，有些老鼠竟病死了。于是，格里菲斯对老鼠进行解剖、化验，结果发现，死老鼠血液中有许多活性的 S 型有毒肺炎双球菌。这些神出鬼没的毒病菌是从哪里来的？为什么死菌能复活？为什么无毒的 R 型活菌能转变成有毒的 S 型活菌？格里菲斯认为，加热杀死的致病性 S 型菌中，一定有一种物质可以进入不致病的 R 型菌，从而改变 R 型菌的遗传性状，使其变成 S 型的致病双球菌。他的这种推测直到 1944 年由美国科学家艾弗里（O. T. Avery）等通过实验才揭开其中的奥秘。他们从有荚膜的 S 型细菌中分离出一种被称为“转化因子”的物质，将这种物质加入培养无荚膜的 R 型细菌的培养基中，奇怪的是无荚膜的 R 型细菌经培养出来以后，竟长出了荚膜，而它的后代也有了荚膜。经化学成分分析证明，这种“转化因子”就是脱氧核糖核酸，即 DNA。这是生物学史上第一次用实验的方法证明了核酸是遗传物质，是基因的组成成分，这一发现使遗传学的研究进入了一个新阶段。

基因的空间结构：DNA 双螺旋结构。1953 年，美国科学家沃森 (J. D. Watson) 和英国科学家克里克 (F. H. C. Crick) 在英国杂志《自然》(*Nature*) 上公开了他们的 DNA 模型，正式提出 DNA 双螺旋结构。他们认为双螺旋由两条糖链骨架构成，而连接两条糖链的是碱基对，包含 4 种碱基，即鸟嘌呤 (G)、胸腺嘧啶 (T)、腺嘌呤 (A) 和胞嘧啶 (C)，它们像梯子一样连接着 DNA 的两条链，使整个分子环绕自身中轴形成一个双螺旋。DNA 双螺旋结构的提出开启了分子生物学时代，使遗传的研究深入到了分子层面，“生命之谜”被打开，人们进一步认识了基因的本质，即基因是具有遗传效应的 DNA 片段。每个 DNA 分子上包含多个基因，每个基因有成百上千个脱氧核苷酸。沃森和克里克由于提出了 DNA 双螺旋结构模型的学说，于 1962 年共同获得诺贝尔生理学或医学奖。

基因的精细结构：顺反子、突变子、重组子。基因的精细结构最早是由美国分子遗传学家本泽 (S. Benzer) 揭示的。1955 年，本泽在对大肠杆菌 T4 噬菌体的 rII 区基因进行研究时发现，如果在一个基因内部发生多个突变时，其顺式和反式结构的表型是不同的，由此提出了顺反子概念，即一个顺反子代表一个基因。一个顺反子内可以包含多个突变单位，即突变子。突变子间有距离，因此可以发生重组，也称为重组子。由此可见，基因并非是不可分割的最小遗传单位，基因内部不同位点也是可以发生突变、交换和重组的。基因精细结构的发现是对基因认识的一次显著的提升。

基因如何表达：密码子的发现。DNA 中蕴藏着遗传信息，生命过程是通过蛋白质发挥功能的，这之间的信息是如何传递的呢？1960 年，法国生物学家雅各布 (F. J. Yakebu) 和莫诺 (J. L. Monod) 提出了信使 RNA(mRNA) 的概念，通过实验证实了 mRNA 由 4 种不同碱基的核苷酸组成，分别是腺嘌呤 (A)、尿嘧啶 (U)、胞嘧啶 (C) 和鸟嘌呤 (G)。mRNA 的核苷酸序列与 DNA 序列相对应，将 DNA

的遗传信息传递到胞质中，这一过程被称为转录。4 种碱基要决定 20 种氨基酸的排列，则最少需要由 3 个碱基组成的三联体决定一个氨基酸，而这个三联体就称为密码子。全部遗传密码在 1967 年被成功破译，从 mRNA 到蛋白质的信息传递过程被称为翻译过程。至此，终于在分子水平上揭开了 DNA、mRNA 和蛋白质间的关系，对基因的表达及遗传信息的传递有了最基本的了解。

基因如何行使功能：启动子的发现。基因是怎样行使功能的？基因是一段有功能的 DNA 序列，不同区域有着不同的作用，通过协同发挥出基因的功能。其中最重要的是启动子，它是后面整个基因群体行使功能的开关，只有当启动子存在且正常工作时，才能开启相关功能基因的工作。可以说，启动子是基因转录调控中最重要的部分。1969 年，美国分子遗传学家夏皮罗（J. Shapiro）等从大肠杆菌中分离到了乳糖操纵子。乳糖操纵子包括调节基因、启动基因、操纵基因和结构基因，它们紧密连锁在一起形成整个操纵子，只有当这些基因相互结合，共同发挥作用，才能保障基因信息的正确流向，基因才能准确无误地去行使功能。

基因信息的探究：测序技术的发展。通常，人们将基因称为生命的密码，要深入了解基因，首先想到的就是了解基因的序列。1975 年，桑格（F. Sanger）和考尔森（A. R. Coulson）建立了一种从头测序方法，这是第一代 DNA 测序技术，优点是准确率高、读取长，缺点是成本高、速度慢。随着技术的进步，很快出现了第二代、第三代测序技术，也被称为“新一代测序技术（NGS）”，如 Roche 公司的 454 测序平台、Illumina 公司的 Solexa 测序系统及 Applied Biosystems 公司（ABI 公司）的 SOLID 测序系统等，其最重要的特征是高通量、高速和低成本，大大加快了对基因功能的各项研究，使得基因研究的深度和广度都获得极大提升。可以说，基因测序技术的迅猛发展为人类研究生命奥秘带来了无限可能。

（3）基因的分类

根据基因的表达情况，可以把基因分为以下三类。

编码蛋白质的基因。根据编码产物的功能又可分为结构基因和调节基因两种。结构基因编码酶或者结构蛋白，真核细胞中的结构基因被内含子和外显子所分隔；原核细胞中则通常是连续的。结构基因突变时会引起蛋白质结构的改变，从而导致生物体代谢紊乱或形态异常。例如，当人血红蛋白的结构基因发生突变时，可能造成遗传性贫血症。调节基因编码激活或者阻遏结构基因转录的蛋白质，具有调节、控制结构基因表达的功能。调节基因突变会影响受它调节的一个或多个结构基因的表达。

RNA 基因。这类基因只有转录产物没有翻译产物，如转移核糖核酸 (tRNA) 基因和核糖体核酸（rRNA）基因。这类基因的特点是具有高度重复序列。

不转录 DNA 区段。主要包括启动子、操纵基因等，是 DNA 序列中具有特殊功能的区段，通常与基因的表达调控相关。例如，启动子区是 DNA 转录时结合 RNA 聚合酶的部位，操纵基因是与调节基因产物结合的部位。除此之外，现在还有大量非编码区域的功能未知。

(4) 基因的特点

基因可以通过复制遗传给后代，经过转录和翻译可以指导生命活动所需的各种蛋白质的合成。因此，基因主要有以下几个特点。

通过精确的复制进行遗传。基因复制是指基于碱基配对实现的，以DNA双链中的一条单链为模板，通过链延长反应，获得互补的单链，最终原来的一条双链变成两条一样的双链。复制的目的是保持生物的基本特征。例如，高等动物由大量细胞组成，这些细胞具有完全一样的 DNA 信息，而最初它们来自同一个受精卵，通过复制加倍，最后分裂成为 2 个、4 个、8 个……，就单个生命体来说，这个受精卵细胞便是全身细胞的始祖。

储存有巨大的遗传信息。除一部分病毒的遗传物质是 RNA 外，其余的病毒及全部具典型细胞结构的生物的遗传物质都是 DNA。DNA 是生物数据库，里面所包含的 4 种碱基，两两互补成对，它们储存着生物所有的遗传信息。DNA 中大量的遗传信息都是通过千变万化的碱基对排列实现的，储存着各种生物信息指令。

结构稳定。DNA 分子的双螺旋结构具有空间稳定性。双螺旋结构中，DNA 双链是反向平行盘旋形成，链骨架由脱氧核糖和磷酸交替连接而成，内侧的碱基以氢键配对连接，这种结构非常稳定，相比 DNA，单链的 RNA 则很容易改变形态。

通过蛋白质合成形成丰富的生物性状。蛋白质是生命活动的体现者、承担者。基因通过控制蛋白质的合成，来控制生物的性状。脱氧核苷酸（碱基）的排列顺序蕴藏着丰富的遗传信息，不同的基因拥有不同的碱基序列，其指导合成的蛋白质也各不相同，通过调控最终形成丰富的生命形态。

2. 遗传保障生命繁衍

(1) 物种的延续性

生物体的亲代会复制与自己相同的物质并传递给子代，这一过程就是遗传信息的传递，我们把这种代代相传的物质称为遗传物质。俗语“种瓜得瓜，种豆得豆”“龙生龙，凤生凤，老鼠的儿子会打洞”，本质上都是对遗传现象的描述。这种遗传机制保持了物种的特性，并从上一代传至下一代。例如，人类的不同种族，在五官、肤色、头发等方面总是存在明显差异，很容易分辨出来，并且种族的特征在种族内部能得到延续。那么，支持这种神秘的遗传现象的物质基础是什么呢？它就是几乎所有生命体中普遍存在的物质——核酸，核酸通常不单独存在，而是和特殊的蛋白质一起组成了我们熟知的染色体。对于人类来说，每一个成熟细胞的核中含有 23 对染色体（或者 46 条染色体），人类的全部遗传信息都蕴藏在我们用肉眼无法直接看见的、微小的染色体中。

那么遗传物质是怎样准确无误传递的？在普通细胞或体细胞的分裂过程中，生物体通过一套完整的机制使核内的染色体复制出一套新的一模一样的染色体，其上的脱氧核苷酸排列顺序和结构与母细胞几乎完全一致，所以全部的遗传信息能正确地从一个细胞传递至另一个细胞。而生殖细胞的遗传信息传递方式稍有不同，如人类受精卵细胞中有 23 对染色体，其中一半即 23 条染色体来自父亲的精细胞，继承了来自父亲的遗传信息，另一半染色体（23 条）来自母亲的卵细胞，也继承了来自母亲的遗传信息。因此，子女的遗传信息是来自父母遗传信息的随机组合，子女也就表现出许多父母亲身上具有的特性。

当然，繁衍并不是在简单地复制自己，而是在维持种族不变的基础上，通过变异来产生有别于亲代的新生命。遗传和变异是所有生物共有的特征，遗传稳定性是物种赖以生存的基础，也是维持物种稳定性的基础，这样生命才得以延续。变异是生命进化的源泉，正因为变异才造就了生物的多样性，为选择和进化提供可能性。遗传和变异共同造就了这个形形色色的生物界。

(2) 基因信息的稳定遗传

承载基因信息的载体是 DNA 链上的核苷酸序列，生物体依靠 DNA 链上的信息准确复制而保证遗传信息稳定传递。生物体有一套完整的机制保证 DNA 链上的信息准确复制。

DNA 的复制过程有多种蛋白质、RNA 分子等参与，科学家把这些蛋白质等组成的复合物称为复制体。这其中包括 DNA 聚合酶、DNA 解旋酶、引发体、单链 DNA 结合蛋白、RNA 聚合酶、Dam 甲基化酶、DNA 连接酶等。每一种蛋白质都有明确的功能，如 DNA 解旋酶可以解开双链 DNA；单链 DNA 结合蛋白可以稳定 DNA 的解链状态；引发体中含有 RNA 合成酶，能催化合成 RNA 引物；DNA 聚合酶是 DNA 链合成的主要酶；DNA 连接酶能将 DNA 片段进行连接。DNA 复制的过程通常可以分为引发、延伸和终止三个阶段。在引发阶段，DNA 复制起点双链解开，RNA 聚合酶会合成一段短的 RNA 分子，而后引发体与 DNA 结合，在前导链模板开始合成 RNA 引物，当 DNA 聚合酶将第一个脱氧核苷酸加到引物的 3′-OH 端后，就开启了 DNA 前导链的复制。之后引发体会在后随链上沿 5′ → 3′ 方向不停地移动，在一定距离上反复合成 RNA 引物，由 DNA 聚合酶 III合成冈崎片段。在延伸阶段，主要是通过 DNA 聚合酶 III的催化作用，复制体合成了连续的 DNA 前导链，而后随链上形成了一系列冈崎片段。而后 DNA 聚合酶 I 发挥其 5′ → 3′ 外切核酸酶活性，切除冈崎片段上的 RNA 引物，同时由 DNA 聚合酶 III利用冈崎片段作为引物进一步完成后随链的合成。最后所有的冈崎片段由 DNA 连接酶连接起来形成完整的DNA后随链。目前，对于DNA复制的终止了解还不太透彻，如DNA序列上有复制终止位点，能使DNA复制没有完成时也可发生终止，对于它的结构和功能知之甚少。还有后随链末端的RNA引物被切除后是如何合成的？这些问题有待科学研究的进一步发展来揭晓答案。

在复制过程中，有几个原则保证复制的准确性。一是DNA复制采取的是一种半保留复制方式，即亲本DNA双链发生解链后，每条单链都作为模板来指导新链合成。因此，当复制完成时产生的两个子代DNA分子，每个分子都含有一条亲本链，并保证了子代分子与亲本分子完全相同，这一复制方式已于1958年得到科学实验的证实。二是复制过程中，碱基之间严格按照A与T配对、G与C配对的原则，使新合成的DNA链碱基排列顺序忠于原来的模板链。这一碱基配对原则是由于DNA两条链之间的空间距离为2nm，A-T配对和G-C配对恰好能满足这种空间要求，并且碱基A与T在化学结构上能形成两个氢键，G与C可形成3个氢键，因此这种配对方式在氢键位置上相适应和稳固。当然，生物体维持4种碱基A、G、C、T的平衡供应，是保证准确复制的重要条件。生物体有一套复杂的反馈调节机制，能及时感受各碱基的浓度水平，并反馈调节它们的合成，使4种碱基浓度维持平衡，满足DNA链复制的需求。三是以RNA引物来引导DNA复制，可以尽量减少DNA复制起始处的错误发生频率。DNA复制起始处最容易出现核苷酸错配情况，由于RNA引物最后都被DNA聚合酶Ⅰ切除而重新合成，提高了DNA复制的准确率。四是虽然有前面几种机制作为保证，但在复制过程中，也存在极低概率的错误配对情况。当错配发生时，有些DNA聚合酶具有3′→5′外切核酸酶活性，能回头把错误配对的碱基切除，然后再次合成正确的碱基，这一个机制就可以保证DNA复制的准确性。例如，大肠杆菌中有3种DNA聚合酶，即DNA聚合酶Ⅰ、Ⅱ、Ⅲ，其中DNA聚合酶Ⅲ为主要的DNA复制酶，它除了具有5′→3′聚合酶活性，还有3′→5′外切核酸酶活性，起着校准作用。而真核细胞中已经发现有5种DNA聚合酶，分别用α、β、γ、δ和ε来表示，其中DNA聚合酶δ定位于细胞核内，具有5′→3′聚合酶和3′→5′外切核酸酶活性，是真核生物进行 DNA 复制最主要的酶，也是错配修正最主要的酶。在上述几种机制的共同作用下，可以最大程度地保证生物遗传信息准确地传递给后代。

(3) DNA 修复巩固遗传的稳定性

生物体在各种各样的环境下生存，因此生物体与环境之间存在密不可分的相互作用，受到外界或内部各种因素的干扰，生物的遗传信息载体 DNA 也会出现不同类型的损伤。例如，细菌受到大剂量的紫外辐射时，可以使 DNA 链上嘧啶二聚体（TT、CC 或 CT）形成共价交联，阻碍细胞中 DNA 链的正常复制，导致细胞死亡。因此，生活中我们可以利用这一原理，通过紫外灯产生的紫外线来杀灭各种微生物，起到对空间或物体表面进行消毒的作用。此外，合成 DNA 的碱基在某些情况下可能发生结构变化，从而导致复制时原有的碱基配对规则发生改变，致使遗传信息发生改变，如胞嘧啶（C）容易失去氨基变成尿嘧啶（U），复制时就由原有的正确配对 C-G 变成错误的碱基配对 U-A。

所有这些 DNA 的损伤或遗传信息的改变，如果不能及时得到修复和更正，在体细胞可能影响其功能或生存，在生殖细胞则可能影响到后代。但实际上，众多生物 DNA 受到外界的宇宙射线、化学物质和温度变化等长年累月的影响，并未变成一堆乱码或者降解，依然保持着完整的状态，可见生物体都有一系列 DNA 修复系统和机制。在 DNA 修复机制的研究领域，有 3 位科学家做出了巨大的贡献，他们分别是瑞典科学家林达尔（T. R. Lindahl）、土耳其裔美国科学家桑贾尔（A. Sancar）和美国科学家莫德里奇（P. Modrich），他们因此共享了 2015 年诺贝尔化学奖。目前在人体中发现的 DNA 修复机制包括以下三种。

碱基切除修复机制。林达尔在人体细胞中发现一种糖苷水解酶蛋白，专门寻找和识别特定的 DNA 碱基错误，然后把它从 DNA 链上切掉，从而修复 DNA。林达尔通过十几年的研究，在体外试验中验证了这种 DNA 碱基切除修复机制。

DNA 错配修复机制。细胞通过一些方式对 DNA 链进行标记，而细胞中的某些特定蛋白质又可以识别这些标记，从而判断错配发生时哪条链是旧的、哪条链是新合成的，指导新合成链上的错配按照旧链的模板进行修复。当然这里面还有许多未知的东西等待科学家的进一步发现。

核苷酸切除修复机制。桑贾尔对致命剂量紫外线照射细菌致死后、用蓝光照射使其复活的现象进行研究，发现了光修复酶，它能对嘧啶二聚体形成的共价交联进行修复，从而使细胞中 DNA 链能正常复制。

生物体或细胞的这些修复系统中任何一种发生缺失都会提升癌症发生的概率，如碱基切除修复机制的缺陷会增加罹患肺癌的风险；DNA 错配修复机制缺陷会增加罹患遗传性结肠癌的风险；核苷酸切除修复机制缺陷会增加罹患皮肤癌的风险。正是这些发现，促进了新型抗癌药物的诞生。又如 PARP 类抑制剂，能够抑制癌细胞自身 DNA 的损伤修复，从而促进癌细胞的凋亡，增强放疗和化疗的疗效。这一类药物是针对 DNA 的药物，可以说是开启了精准医疗时代的大门。当然细胞中还有其他的 DNA 损伤修复机制，细胞通过所有的这些机制来全方位地维护 DNA 序列的稳定性，从而维持物种的稳定性。

3. 变迁推动生命进化

广袤无垠的绿色大地上，生活着形形色色的各类生命，有种类繁多的花草树木，有形态多样的虫鱼鸟兽，有纤细难辨的细菌病毒。平原高山、江湖海洋、沙漠绿洲，到处有这些生命体活动的踪迹，生命遍布在这个地球上的每一个角落，在浩瀚的时间长河中，生息繁衍。据统计，现在已知的生物大约有 200 万种，其中植物有 40 多万种、动物有 150 多万种、微生物有 10 多万种，这些形形色色、千姿百态的生命体构成了今天这个生机盎然的生物界。

前文我们讲到生物的稳定遗传保障了生命的延续，生物体亲代与子代之间通过基因信息的稳定传递，使如此绚丽多彩的生命世界得以世代繁衍。但我们总在疑问，这些生命的祖先是谁？是这个世界上生来就有了这么丰富多彩的生物种类吗？无论是西方的上帝创世纪的故事，还是中国的盘古开天地、女娲造人的故事，都在试图解释这个世界上的生物来自哪里。科技发展至今，我们可以很清晰地知道上帝和女娲都是人类创造出来的，但如此种类繁多的生物种群从何而来，这一疑惑给善于思考的人类留下了一道世纪难题，于是我们用几个世纪的时间逐渐弄清楚了它们的诞生过程。

(1) 生命的起源

克里克在《论分子与人》一书中写道：给生命这个词下定义是极为困难的。至今还没有一个为大多数科学家所接受的关于生命的定义。经典生物学认为，有细胞才有生命。现代生物学认为，把生命理解为比细胞更小的蛋白质、核酸等生物大分子。那生命体到底是生物大分子还是细胞呢？科学研究告诉我们，大可不必拘泥于生命体这一概念，因为生命的诞生本身就是一个循序渐进的过程。

地球的年龄约有46亿年，而目前已知的最早的生命痕迹大约生存在35亿年前，原始生命诞生在地球形成后的11亿年之间。工欲善其事，必先利其器，“创造”生命诞生的这个世界，花了几亿年完成了生态圈（特指有助于有生命物质诞生的周围环境）的建设工作。熔融的地球热量，使水化为蒸汽，变成包围地球的、辐射线不易穿透的云层。在云层之下，地球的温度开始急速地下降，虽然地球中心仍是熔融状态，但地壳表面逐渐冷却凝固、挤压、褶皱和断裂，从而形成深谷和高峰。随着地球的继续冷却，云中的蒸汽变成水就开始降雨。大雨连续下了几千年，诞生了生命的起源地——海洋。

大雨停止后，地球进入了另一个发展阶段。地球的原始大气中含有氨（NH_3）、甲烷（CH_4）、氰化氢（HCN）、硫化氢（H_2S）、二氧化碳（CO_2）、氢气（H_2）、水（H_2O）等成分，在宇宙射线、太阳紫外线、闪电、高温等的作用下，自然合成了氨基酸、糖、单核苷酸、ATP、脂类等一系列的小分子有机化合物，这些物质汇集在原始海洋中，在适当的条件下进一步形成了多肽、核酸、多糖、类脂等复杂的有机物质。我们知道多肽是蛋白质的组成单元，而核酸又是基因的组成单元，这对于生命的诞生起着非常重要的作用。然而我们知道，生物大分子并不能独立地表现生命特征，只有为数众多的多肽、核酸汇聚到一起形成多分子互作的体系才能表现出生命特征，我们把这一类聚集体称为团聚体或微球体。这些团聚体中虽然已经包含了核酸和蛋白质，甚至显示出生长、代谢和适应外界环境的生命特征，但还算不上真正意义上的细胞。当它们体内的大分子进一步协作，其内的遗传物质（核酸）开始自我复制，蛋白质开始合成，代谢的途径不断完善，才逐渐进化成了真正意义上的生活细胞，由此产生出原始生命。

(2) 生命的进化

原始生命如此简单，又是如何发展成今天这个缤纷复杂的生物世界的呢？生命的无限进化造就了这一切，其进化的总体趋势是由简单到复杂。原始地球并没有氧气，所以最早出现的细胞是厌氧异养细胞（细菌等绝大部分微生物及原生动物由一个细胞组成，所以也可以称为厌氧异养细菌），它们不需要氧气，还能从环境中吸收有机分子并依靠无氧分解这些分子获得能量。随着原始海洋自然产生的有机分子消耗，一些细胞逐渐进化出新的代谢途径，可以利用其他能源和无机分子合成自身所需的有机分子，从而形成自养细胞。逐渐地，地球上释放出氧和臭氧并形成保护性大气层，这些臭氧挡住了太阳的致命辐射，这一保护层为生命的加速进化提供了保护伞。在这层保护伞下，自养细胞开始慢慢地不再满足于“寄人篱下”，逐渐进化出了光合作用这一技能，它使有生命自养细胞能够利用太阳光能，创造出许多有机物质并释放出更多的氧气，而创造出的这些有机物质又成为所有生物必需的营养物质。逐渐地，细胞的种类也开始多元起来，厌氧异养、厌氧自养、好氧自养、产甲烷、极端嗜热、极端嗜盐、极端嗜酸、极端嗜碱等各类特质细胞产生。这些细胞的诞生从此拉开了生命进化的序幕。

这些生物细胞具有惊人的化学转变能力，并不断演变进化，大约 30 亿年前这些原始细胞已经具有了简单分裂能力，并逐步进化出了类似海藻的生物，此时它们内部已经进化出了细胞核。又经过 10 亿年演化，在有荫蔽的海岸和河流出口处的水中，这些类似海藻的生物不断演化，在海岸、河流大量繁殖，通过它们的光合作用放出大量的氧气。今天，我们呼吸的氧气总量的1/4，就是由海洋中的最微小浮游生物所产生的，而水和空气相接触的海面正好是这些浮游生物的栖居地。生物细胞在新的条件下进一步演化，一些海生植物被冲到岩石上，从而形成了最原始的陆上植物——顶囊蕨，并开启了植物分类进化的新篇章，进化的路线大致为藻类→苔藓→蕨类（紫萁、石松）→裸子植物（银杏、苏铁、松、杉、柏）→被子植物（水稻、柳树、菊花）。而另一个分支，单细胞生物领鞭虫则成为动物生命进化的始祖，沿着腔肠动物（珊瑚）→海绵动物→扁形动物→线形动物（猪肉绦虫）→棘皮动物（海星）→脊索动物（文昌鱼）→脊椎动物（原口类→鱼类→两栖动物→爬行动物→哺乳动物→人）不断进化。整个进化过程伴随着细胞种类不断丰富，细胞功能逐渐专一，单细胞开始向多细胞、多组织、多器官演化，细胞间、组织间、器官间的互作交流也在不断增强，从而逐渐进化出当今细胞数目惊人、种类繁多的高等复杂生物。

(3) 基因变迁与生命进化

生物界的历史发展表明，生物进化是从水生到陆生、从简单到复杂、从低等到高等的过程，从中呈现出一种进步性发展趋势。进化的过程特征显著，生命体的形态结构越来越复杂，越来越完善；生命体逐渐演绎出了各类专职的组织或器官，用于食物摄入的，用于营养吸收代谢的，用于废弃物排泄的，用于保护机体的，且这些专职化的组织器官效能还随着进化不断增强。而在这一系列进化过程中，伴随着自然选择被动地去改变基因，而基因又控制着生物体的生命活动，基因的变异又会促成生物进化。这些生命体的功能随着遗传信息逐步增加而丰富，其中基因变迁起着无可替代的巨大作用，生命体从原始的单细胞开始不断整合细胞内遗传物质，这些遗传物质开始调控着单细胞向多细胞的发展。慢慢地，这些多细胞生命体开始不再满足单调的细胞信息，它们不断地吸收周围其他种类细胞中的遗传物质，融合、重组、突变而出现新功能基因，这些基因开始引导一些细胞发育成表皮细胞，有些引导发育成肌肉细胞，随后不断演化出消化系统细胞，逐渐地开始出现调控发育为外骨骼和内骨骼细胞的基因，如调控鱼类鳞片形成的基因、鸟类羽毛的基因、哺乳动物四肢的基因等。

经过无数次选择，一定区域某物种的有利变异的基因得到加强，不利变异的基因逐渐清除，在生物进化理论中，常将基因突变和染色体变异统称为突变。生物界各个物种和类群的进化是通过不同方式进行的，物种的形成主要有两种方式：一种是渐进式形成，自然环境的不断变化使得生活在其中的生命体基因发生了突变、染色体畸变、遗传重组等，逐渐地由一个种演变为另一个或多个新种；另一种是爆发式形成，这种方式在有性生殖的动物中很少发生，但在植物的进化中相当普遍。世界上约有一半的植物种是通过染色体数目的突然改变而产生的多倍体，如小麦。

在地球演化的历史长河中，过去简单的、少数的物种通过进化和衍化，形成了千姿百态、复杂繁多的现代物种。漫长的进化过程往往少不了两个阶段性选择，第一阶段是自然选择，它决定了进化中产生的变异是不定向的，每个物种都是在遵循自然规律的前提下发生变异的，有有利的，也有不利的，但它们不是绝对的，而是取决于环境条件。为了适应不同的环境变化，生物体自身会通过产生各种变异来应对这些变化，而在发生这些适应性变化的过程中，体内遗传信息——基因也随之发生变化，如远古时代一种具五趾的短腿食虫性哺乳动物，为了适应不同环境而演化成当今各种哺乳动物：豹子和羚羊，适应在陆地上奔跑；灵长类生活在树上；鼯猴能滑翔，蝙蝠可以飞翔；鲸和海豚生活于水中。同目同科，甚至同一属的生物中，也可能由于适应不同环境而产生适应进化，如翼手目种类繁多的蝙蝠，有的食花蜜和花粉（如长鼻蝠），有的食昆虫（如菊头蝠、大耳蝠、蹄蝠等），有的则以果实为食（如狐蝠），还有吸血蝠和食鱼蝠。中生代的恐龙均属于爬行动物，适于陆地生活的一般体型都大；适于水中生活的身体呈纺锤形，有鳍；适于在空中飞翔的翼龙有翅膀，像鸟。当然，这些自然选择产生的物种还只是一部分。第二个阶段是人类的定向选择，是指人类有目的地对品种进行定向选择。人工选择时，会出现优胜劣汰的现象，人们往往按照自己的意愿和需求将好的物种或者品种保留下来，而那些对人类来说，收割、采摘、食用、饲养起来不方便

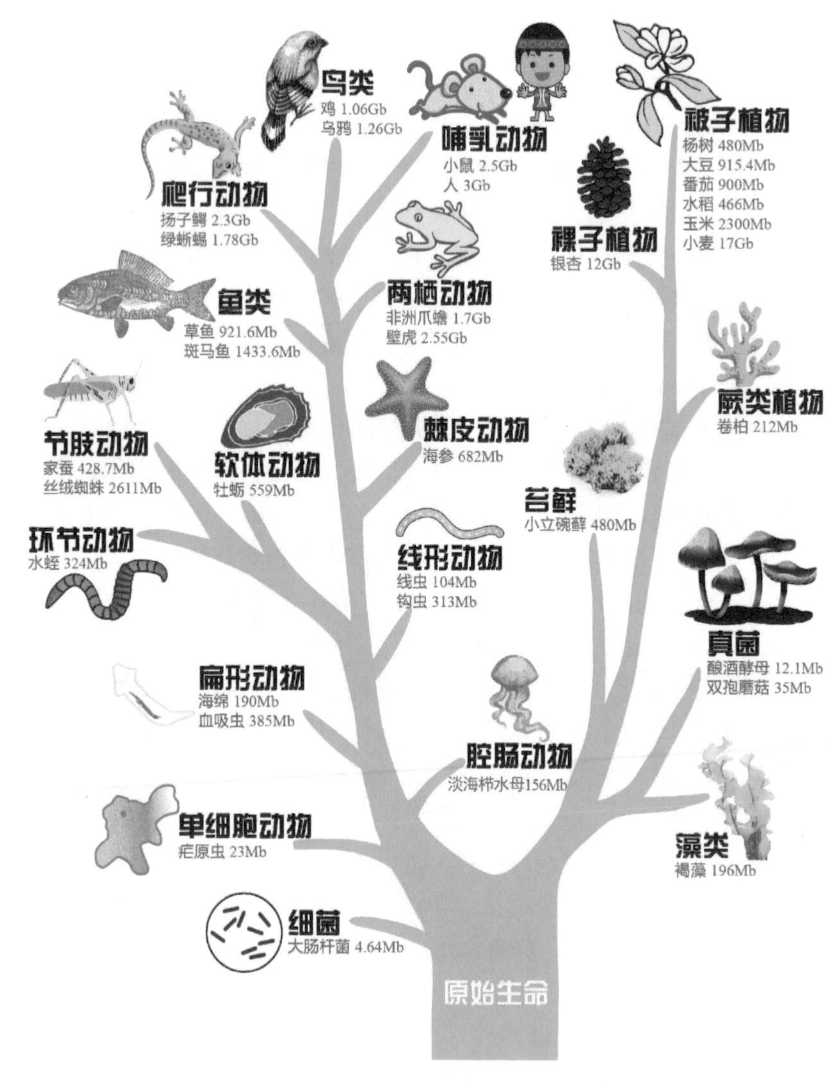

◎生命进化树

基因组大小是以核苷酸碱基对的数量表示，单位以百万计。一般用 bp 表示，即 base pair，$1Gb=1000Mb=10^6Kb=10^9bp$

的就会被剔除，慢慢地，优势品种经过种植、养殖、培育、驯化等方式被累积下来，最终成为我们今天所看到的各种生物体。人类正是利用了生殖过程中的各种变异，才培育出符合我们需要的各种品种。例如，深受人们喜爱的各类形态奇异、色彩斑斓的金鱼，其祖先却是貌不惊人的鲫鱼。水稻由其有芒的祖先进化到无芒；玉米的祖先大刍草籽粒坚硬且有稃壳包裹，而现代玉米无壳且柔软。这都是人类定向选择的产物，和自然选择一样，它们都是以漫长的时间为代价的，但是只有两者共同合作，才能不断地促进生物界的进化。

研究发现，物种进化图谱与基因组大小对应，这说明基因变迁在驱动物种进化中发挥了重要作用。生物在进化中，由原核到真核、由单细胞到多细胞、再由低等到高等，进而出现复杂的生命形式及行为。然而，性状的产生主要是由遗传信息决定的，一般基因组越大，合成的蛋白质分子就越大，功能就越复杂，生物体也就变得越复杂。可以说，基因组的大小与物种的进化程度存在一定的正相关关系，总体上：病毒＜原核生物＜真核生物，即越复杂的生物越需要更大的基因组来承载复杂的遗传信息。然而，人作为高等动物，基因组却比某些低等生物的基因组还简单，这是为什么呢？在漫长的进化过程中，人类为了生存，会将一些简单的有用的基因保留下来，而剔除了那些看似复杂却对自身无利的基因，我们知道，生物体生存的原则就是绝对不会浪费自己机体的物质与能量资源，那些低等生物大多表面积很小，但是其比表面积很大，它们的一套基因组必须特别完善、精致，并且每个基因都会各执其能才能使它们简单的弱小的身板生存下来，这样一来，体内的各个系统（包括某些基因）就成了人类无法比拟的。然而，这种现象的出现也是不同生物以不同的方式去适应环境的结果，大自然可谓是真正的鬼斧神工，奇幻异彩！

(4) 基因变迁的类型

①基因突变

基因突变指生物体的基因组 DNA 偶然发生了可遗传的变异现

象。本章“2. 遗传保障生命繁衍”中提到植物界的“种瓜得瓜，种豆得豆”，动物界的“龙生龙，凤生凤，老鼠儿子会打洞”反映了基因遗传的稳定性，但同时中国还有句谚语：“一母生九子，母子十不同”则是基因突变的真实写照。就是说生命在通过基因将遗传信息传递给下一代的同时，还伴随着基因的变化，每一个生命体在继承上一代遗传信息的同时也获得了新的遗传特性，基因突变起到了很重要的作用。

生命体的 DNA 一般情况下非常稳定，它可以在细胞分裂时精确地复制自己。但这种稳定性无法保证 100% 实现，在一定的情况下基因的序列会发生变化，即基因在结构上发生碱基对组成或顺序的变化产生新的基因序列，从而改变了原有基因的遗传信息，此时基因突变发生。

引起基因突变的因素有很多，可以是自发的也可以是诱发的。自发突变主要指在 DNA 复制过程中，基因内部的脱氧核苷酸的种类、数量、顺序等发生了局部改变，从而改变了遗传信息。诱发突变主要包括物理因素（X 射线、激光、紫外线、伽马射线等）、化学因素（亚硝酸、黄曲霉毒素、碱基类似物等）和生物因素（某些细菌和病毒等）等引发的突变。自发产生的基因突变和诱发产生的基因突变都是引起了基因序列的改变，两者造成的结果并没有本质的区别，只是由于生命体的遗传稳定性很高，自发的突变率较低，而诱变则大大提高了基因的突变率。

基因的突变有碱基置换突变、移码突变、缺失突变、插入突变等多种类型。碱基置换突变指 DNA 分子中一个碱基对改变为另一个不同的碱基对所引起的突变，也称为点突变。移码突变指 DNA 片段中某一位点插入或丢失一个或几个碱基对（3 或 3 的整倍数除外，因为 3 个碱基对编码一个氨基酸）时，造成插入或丢失位点以后的一系列编码顺序发生错位的一种突变。缺失突变指遗传序列中出现了较长片段的 DNA 的缺失而发生突变，如果较长片段的 DNA 包括了多个基因，则可以认为发生了多基因突变，因此又可以称为多位点突变。插入突变指在一个基因的 DNA 中插入一段外来的 DNA，使这个基因的结构发生了变化而导致突变。总之，上述的各类基因突变类型都引起了

DNA 序列的变化。

这些突变普遍存在于自然界的物种中，是推进物种进化的内生动力，具有随机性、低频性和可逆性等共同的特性。首先，基因突变是随机发生的，它可能发生在生命体发育的任何时期。生命的发育是从一个细胞开始，不断地分化，才形成不同组织的，突变发生的时期越早，生命体表现突变的部分就会越显著。例如，植物的叶芽如果在发育早期发生控制叶色的基因突变，那么由该叶芽长出的叶、花、果实等都有可能与其他枝条颜色不同，如果突变发生在花期，会表现为果实颜色有异。其次，DNA 的复制具有很高的稳定性，突变是低频率发生的，在有性生殖的生物中，突变率用一定数目配子中的突变型配子数表示。在无性生殖的细菌中，突变率用每一细胞世代中每一细菌发生突变的概率，也就是用一定数目的细菌在分裂一次过程中发生突变的次数表示。据估计，在高等生物 10^5 ～ 10^8 个生殖细胞中，才会有 1 个生殖细胞发生基因突变。尽管基因突变率很低，但是当一个种群内有许多个体时，就有可能产生各种各样的随机突变，足以提供丰富的可遗传的变异。最后，突变还具有可逆性，野生型基因经过突变成为突变型基因的过程称为正向突变。突变基因又可以通过突变而成为野生型基因，这一过程称为回复突变，恢复到原来的状况；一般情况下，基因突变多会产生不利的影响，生命机体变得无法满足存活基本条件而死亡，或不能适应环境的要求而被自然淘汰，但有极少数突变会使物种增强对环境的适应性，成为生物进化的内生动力。此外，基因突变还具有不定向性、独立性、重演性等特点。

基因突变通常发生在 DNA 复制时期，即细胞分裂间期，包括有丝分裂间期和减数分裂间期。基因突变和 DNA 复制、DNA 损伤修复、癌变和衰老都有关系，这些突变有可能带来诸多不利影响，导致生物体性状变异或使人类产生某些疾病，如水稻和玉米的矮秆性状、镰刀型细胞贫血症、唐氏综合征、α- 地中海贫血症等。当然，在漫长的进化长河中，基因突变又为物种多样化带来了内生源动力。如基因突变为人类的语言表达能力上奠定了基础；白桦尺蛾为适应环境变化，身体内黑色素基因发生重大变化后使得体色变黑从而保护自己；哺乳动物蝙蝠的祖先利用基因突变长出了适于长时间飞行的两翼。而我们知道基因突变的价值远不止于推动了生物进化，它在人类发展史上也发挥了重要作用。以农业为例，人们通过物理或化学诱导基因突变，并通过筛选和培育，使得农作物获得高产、优质、抗病毒、抗虫、抗寒、抗旱、抗涝、抗盐碱、抗除草剂等各类作物新品种，目前通过人工方法诱导基因突变获得了诸如高产优质的杂交水稻，通过太空射线诱变培育出了具有优良品质的甜椒、南瓜等农作物新品种。随着基因编辑等新技术的诞生，我们甚至实现了基因的精准突变，可以按照科学研究的结果来定向改造某些对人类有价值的 DNA 序列，如修复某些致病的突变基因，提高动植物的抗病能力，等等。

②基因重组

基因重组指生物体 DNA 片段断裂并转移位置重新组合的现象，是自然界普遍发生的一种遗传现象，由于控制不同性状的基因重新组合后出现了新性状，因此基因重组也是生物变异和生物多样性的重要动力，对生物进化有着重要的意义。

从重组类型看可以分为自由组合和交叉互换。这两种类型分别发生在生物体减数分裂的不同时期，自由组合发生在减数第一次分裂的后期，主要是非同源染色体上的非等位基因间的重新组合；交叉互换发生在减数第一次分裂的前期（四分体时期），主要是同源染色体上的非姐妹染色体之间发生交换。从重组发生的环境可以分为自然条件下的基因重组与人工条件下的基因重组。自然条件下的基因重组是生物体在长期进化过程中经过自然选择过程而形成的，它包括同种生物间的基因重组、不同种生物间的基因重组、病毒与原核生物及真核生物间的基因重组；人工条件下的基因重组就是按照人们的意愿来实现多数生物在自然界所不能完成的基因重组，利用基因工程等技术使得自然界不能结合的异种细胞的遗传信息在一定条件下实现基因的重组，从而达到培育新品种的目的，大大提高了优良品种的选育效率。在种属内外甚至不同物种间通过基因重组实现基因的转移，不断打破原有的种群隔离，推动生物进化进程。下面可从物种内和物种间的基因转移来介绍基因重组。

物种内的基因重组。植物界的异花授粉是物种内基因转移的典型案例。雄花经过风力、水力、昆虫或人的活动，将不同花的花粉通过不同途径传播到雌蕊的花柱上进行受精，达到异花授粉的目的。例如，一种水果的口感本来挺好的，突然变得不好吃了，果农将这种现象称为果树的“串花”，也就是“异花授粉”，在这个过程中，不好的植物基因被带到好的植物基因中，使水果的品质退化。与自花传粉相比，异花传粉是一种进化方式。来自不同的植物或不同花的花粉和雌蕊，遗传性差异较大，受精后发育成的后代往往具有较强大的生活力和适应性。这种种内基因转移现象便是杂交育种的生物学基础，人们通过干预植物的授粉活动，将需要性状的基因组合到一起，并通过一代代的人工选择，使杂交得到的性状组合得以稳定遗传，形成新的品种。多肉植物之所以会有那么多古灵精怪的品种，多归功于它异花授粉的特点。来自不同品种的杂交，往往会带来意想不到的惊喜，它既可以是传承了父母特点的一个已知品种，又可以是世界独一无二的一个新品种，这一奇妙的现象就发生在你的花园里。

此外，自然界中的自交和杂交行为也是物种内基因转移的方式。来自同一个体的雌雄配子的结合，或是具有相同基因型个体间的交配都称为自交。一般来说，由性别决定的生物不能自交。例如，雌雄同花植物的自花授粉或雌雄异花的同株授粉均为自交，如水稻、小麦等，这类植物在一个植株上即可实现自交；而对于动物来说，多为雌雄异体，所以基因型相同的两个个体间的交配才可称为自交。近交是指亲缘关系较近个体间进行的交配，亲缘关系相近的两个个体至少有一个共同祖先，一般以在祖代或曾祖代有共同祖先的两个个体交配就算近交，通过近交可保持一个种群的某个优良品质的纯度。杂交是将两个或多个品种的优良性状通过交配集合起来，再经过选择和培育，获得新品种的方法。杂交可以使双亲的基因重新组合，产生多种不同的类型，为选择提供丰富的材料。不论是自交还是杂交，在相互交配过程中，个体之间都会发生基因的相互交流和转移，一方会或多或少接收到来自对方的基因而在自身性状基础之上发生相关性状的变化。例如，杂交水稻和杂交玉米，它们会表现出比亲本更为健壮、产量更高、种子更大的性状。驴和马杂交产生的骡子，继承了驴和马的优点，具有耐力强、力量大、食量一般和性情温顺等特点。

物种间的基因重组。我们日常生活中所认识的基因重组大多数是通过雌雄配子受精来实现基因重组的。其实除了物种内的基因重组外，自然界还存在一种特殊的物种间基因重组。这种基因重组多由病毒或者细菌感染产生。病毒可以将基因插入宿主细胞的DNA链中，并正常表达，一些细菌的质粒也具有类似病毒的功能。农杆菌侵染植物伤口的过程就是物种间基因重组的典型案例，这种现代生物技术常用技术的出现也是我们向自然界学习的结果。在自然条件下，农杆菌可以将自己的基因转移到植物中，并得到表达。农杆菌是普遍存在于土壤中的一种革兰氏阴性细菌，遍布世界各地土壤中，它在自然条件下能感染大多数双子叶植物的受伤部位，并诱导产生冠瘿瘤或发状根。根癌农杆菌和发根农杆菌细胞中有一段T-DNA，农杆菌通过侵染植物伤口进入细胞，可将T-DNA插入植物基因中。农杆菌对植物侵染作用的发现，是植物转基因技术快速发展的基础。

研究显示，人类在远古时代就从周围环境获得了必需的基因，从微生物中获得的外源基因组有145个，这种现象在分子生物学上称为基因水平转移（HGT），它涉及许多甚至是所有动物物种，直至现在基因水平转移仍在自然界发生着。一种称为水熊虫的微生物是能在太空极端环境中生存的唯一动物。它能够从外部有机物（如细菌和植物）中获取大量DNA，有17.5%的基因组来自外部生物。水熊虫不仅能自己修复受损的DNA，还能靠吸收外源DNA进行自身修复，这是它能够生活在极端环境的重要原因。

控制不同性状的基因通过转移后的重新组合就是重组，它能产生大量的变异类型。减数分裂、有丝分裂时均可发生基因重组，它是杂交育种的理论基础。此外，在同种生物之间和有一定关系的异种生物之间也可以发生基因重组。随着科学水平的提高，物种间的限制被打破，在人工条件下也实现了不同物种间的基因重组。

小知识

自然界中还存在一种我们日常生活中所常见的基因重组，它既不属于物种内通过自交或杂交实现的基因重组，又不属于物种间通过细菌、病毒等媒介实现的基因重组。我们把这一类的基因重组过程称为远缘杂交，它是指在分类学上物种以上分类单位的个体之间交配。不同种间、属间甚至亲缘关系更远的物种之间的杂交，可以把不同种和属的特征、特性结合起来，突破种属界限，扩大遗传变异，从而创造新的变异类型或新物种。我们所见到的雄性狮子和雌性老虎交配产生的后代狮虎兽，或雄性老虎和雌性狮子交配产生的后代虎狮兽也是这种远缘杂交的结果。更为著名的是中国科学院院士李振声将小麦和偃麦草进行远缘杂交，将偃麦草的耐旱、耐干热风、抗多种小麦病害的优良基因通过基因重组转移到小麦中，其所育小麦品种增产超过150亿斤①，因此荣膺2006年度国家最高科学技术奖。

③染色体变异

染色体是由细胞内DNA和核蛋白经过深度压缩形成的聚合体。染色体变异指在自然或人为条件下，因染色体结构或数目的改变而导致生物后代的遗传信息和表现性状的变异，它是可遗传变异的一种，属于细胞学水平的变异，可以利用显微镜观察，该现象早在1917年即被美国遗传学家布里奇斯（C. Bridge）在黑腹果蝇中发现。

染色体变异包括结构变异和数目变异两大类。其中结构变异主要由染色体片段的缺失、重复、倒位或易位引起。缺失是指一条正常的染色体在断裂后丢失某一片段（包含有一至多个基因），从而引起变异现象。以人类遗传疾病为例，染色体缺失常会引起较严重的遗传性疾病，如猫叫综合征（cri du chat syndrome），该病是由5号染色体短臂缺失所引起的遗传病，患儿表现为生长发育迟缓、头部畸形、智力障碍、皮纹改变等症状，而其最明显的特征是哭声类似猫叫，“猫叫综合征”因此而得名。此外，果蝇缺刻翅的形成也是由染色体

① 1斤=0.5kg

缺失造成的。重复指一条染色体的片段连接到同源的另一条染色体上，使得另一条同源染色体多出与本身相同的一段。这类变异的典型例子是正常染色体下，果蝇表现出卵圆形的眼睛，在染色体发生部分片段重复则表现为棒状形眼睛。倒位指染色体断裂后，断裂片段发生 180° 反转后重新连接到染色体，从而造成这段染色体上的基因位置与顺序颠倒。如人的 9 号染色体臂间发生倒位则会引起不育，但从遗传的角度看，这类患者可以通过人工授精并经基因检测后有受孕并生育的可能。易位指染色体断裂后的片段插入另一条非同源染色体上而引起的变异。例如，慢性粒细胞白血病，就是由人的第 22 号染色体和第 14 号染色体易位造成的。易位在生物进化中具有重要作用。科学发现在 17 科 29 属的种子植物中，都有易位产生的变异类型。

染色体数目变异可分为整倍性变异和非整倍性变异两种。细胞内非同源染色体组成一套染色体组，它们在形态和功能上各不相同，由它们携带着包括有关生物生长发育、遗传和变异的全部遗传信息。整倍性变异指染色体以染色体组的形式成倍增加或减少。单倍体只有一个染色体组，二倍体具有两个染色体组，三个及以上的染色体组可统称为多倍体，如三倍体、四倍体、六倍体等。一般奇数类的多倍体，如三倍体生物会由于减数分裂不正常而表现为不育。如果增加的染色体组来自同一物种，则称同源多倍体。使不同种、属间的杂种实现染色体数加倍则可形成异源多倍体。距今 7500 万年，欧洲出现了单粒小麦，在遗传学上它是二倍体，染色体数是 14，公元前 5400 年又出现了爱美尔小麦，在遗传学上是四倍体，含有 28 条染色体。常见的普通小麦，是六倍体，含有 42 条染色体。另外，香蕉是无籽的，这是由于它是三倍体，而奇数多倍体在细胞减数分裂过程中，总有一套失去配偶的染色体在“捣乱”，结果香蕉不能进行有性生殖，无法产生籽粒。而动物几乎都是二倍体的，有少数自然存在的单倍体也多与性别有关，如蜜蜂、蚂蚁等膜翅目昆虫的雄性个体是由未受精的卵子发育而成，属于单倍体，而雌性个体则为二倍体。

非整倍性变异则指生物体正常染色体组中增加或减少一条或多条完整染色体的变异。由于增加或缺失条数的不同又分为缺体型、单体型、三体型、四体型等。各类非整倍性变异在生物体生殖中都具有较严重的后果。多数情况下，植物对这种变异的耐受性要好于动物，非整倍性变异对动物来说往往是致死的。其中小儿唐氏综合征是典型的例子，由于母体卵子在减数分裂时，21 号染色体不分离，所形成的卵子多出一条 21 号染色体，有 40% 的患儿能够存活，但临床表现为智力障碍、发育迟缓和多发畸形等。但在植物中，则有正向的一些案例，如利用非整倍体系列向栽培植物导入有益的外源染色体和基因具有重要的应用价值，如小麦品种‘小偃 759’就是普通小麦通过远缘杂交增加了 1 对长穗偃麦草染色体，提高了杂种育性，在小麦遗传改良中具有十分重要的作用。

染色体发生变异的原因有多种，外因有各种射线、化学药剂、温度的剧变等，内因有生物体内代谢过程的失调、衰老等。当染色体在不同区段发生断裂后，在断裂端的愈合与重接作用下，同一条染色体内或不同的染色体之间以不同的方式实现重接，由此染色体变异发生。据此，人类开始利用辐射或化学诱变等人为手段加以诱导，以期获得具有优良性状的种质资源。例如，在小麦、烟草、芝麻和马铃薯中已实现将野生型植物中的抗病或者免疫基因转移到普通栽培种中，从而获得带抗病基因的植物。利用秋水仙素处理使二倍体西瓜染色体加倍形成四倍体西瓜，用四倍体作为母本与二倍体的父本杂交获得没有育性的三倍体无籽西瓜。

④ DNA 修饰

DNA 修饰是指构成 DNA 的脱氧核糖核苷酸上的碱基在一定条件下化学结构发生变化。DNA 是通过一连串的脱氧核糖核苷酸序列组成密码子来引导生物发育与生命机能运作的，由 4 种不同的碱基组成的密码子信息是遗传信息的基本单元。DNA 修饰并不改变其基本单元脱氧核糖核苷酸上的各类碱基顺序，但使得碱基上的化学集团发生变化，出现了另外的化学结构形式，从而增加了遗传密码信息，其修饰对遗传信息的改变有着重要的影响。

DNA 的修饰有多种类型，DNA 甲基化是最早发现的修饰途径之一。DNA 在甲基转移酶的作用下，DNA 中的胞嘧啶 C 被选择性地添加甲基，形成5-甲基胞嘧啶。大量研究报道，DNA甲基化能引起DNA与蛋白质互作、DNA稳定性、DNA构象、染色质结构等的改变，从而影响基因表达。DNA甲基化通常抑制基因表达，去甲基化则诱导基因重新表达。在大肠杆菌等原核生物中，自身DNA特定位点的甲基化可以避免被限制性内切酶切割，从而抵御噬菌体侵害。真核生物中，DNA甲基化在调控基因表达、基因印记、X染色体失活及胚胎发育等生物学过程中发挥着重要的作用，是一种重要的表观遗传学标记。

DNA甲基化刚发现时被定义为第五种碱基，是一种较为保守的碱基位点化学修饰，在微生物、植物和动物体内广泛存在。但其分布规律在不同生物体和不同的生命周期中并不相同。以哺乳动物为例，其甲基化水平在生命周期中会有2次显著变化，第一次发生在受精卵最初几次卵裂中，去甲基化酶将亲代遗传下来的DNA分子上几乎所有甲基化标志进行了清除；第二次则发生在胚胎植入子宫时，甲基化酶使DNA重新建立一个新的甲基化模式，这种新的甲基化模式在子代的整个基因组重新“铺设”，并将这些甲基化信息传递给所有子细胞。如果在两个阶段发生去甲基化不充分或者是过早的再甲基化，则会导致胚胎的死亡或出生后各种遗传病的发生。一些研究还发现，随着个体年龄的变化，DNA甲基化水平也在变化，表明个体的发育和衰老过程与DNA甲基化密切相关。由于生活环境和年龄的变化，细胞通过DNA甲基化来改变基因的表达，以应对环境改变和机体衰老。科学发现，在人类的不同发育阶段或生活方式和环境的改变，其DNA甲基化图谱（反映DNA甲基化程度和位点）的变化非常大，所以对人类而言好的饮食与作息习惯和健康基因遗传同样重要。

近年来，有大量研究报道，DNA异常甲基化与肿瘤的发生、细胞癌变有着密切的联系。例如，有研究报道，在正常细胞中，一类可诱导EMT（上皮–间质转化，是一种与肿瘤转移相关的重要因素）的转录因子表现为高甲基化水平，从而使其表达受到抑制；但在肿瘤细胞中，这类转录因子由于甲基化水平偏低而激活表达，从而诱导EMT生成。通过去甲基化重新激活某些关键抑癌基因来预防和治疗肿瘤是当前的研发热点之一。目前研究最多的是甲基转移酶抑制剂，它通过抑制甲基转移酶活性以逆转异常的 DNA 甲基化。例如，胞嘧啶的类似物 5-aza-CdR，其在 DNA 复制过程中可以掺入 DNA 链中，除了可以抑制甲基转移酶活性外，还可以降低 DNA 接收甲基修饰的能力，导致 DNA 甲基化水平的降低。目前，5-aza-CdR 已经作为第一个表观遗传药物被美国食品药品监督管理局（FDA）批准用于癌症治疗。另外，由于 DNA 的甲基化程度直接影响基因的表达，因此 DNA 总体甲基化水平和特定基因甲基化程度改变也可作为肿瘤诊断指标。

DNA 修饰除甲基化外，还包括乙酰化、羟甲基化等。除去 DNA 正常情况下的腺嘌呤（A）、鸟嘌呤（G）、胞嘧啶（C）和胸腺嘧啶（T）4 种碱基组成外，一些研究人员还将经表观遗传修饰的 5- 甲基胞嘧啶和 5- 羟甲基胞嘧啶称为新增的两种碱基。DNA 碱基的各种修饰形式极大地丰富了生命体的遗传信息，对其深入研究将在疾病治疗与预防等方面发挥重要作用。

4. 人类定向改变基因创造新生物

（1）杂交育种

杂交育种（hybridization）是将两个或多个品种的优良性状通过交配集中在一起，再经过选择和培育，获得新品种的方法。进一步来讲，杂交就是使双亲的基因重新组合，形成各种不同的类型，增加基因的杂合性、异质性，从而产生杂种优势，为选择提供丰富的材料。杂交育种的实质是利用由不同基因组成的同种（或不同种）生物个体进行杂交，通过基因重组产生新的基因型，从而产生新的优良性状。

杂种优势是生物界的普遍优势，它是指两个遗传组成不同的亲本杂交产生的杂种第一代，在生长势、生活力、繁殖力、抗逆性、产量和品质上比双亲优越的现象，主要表现在农作物育种中，为了得到长势良好、抗逆性强、产量高的农作物，科学家往往会选择将不同品系、不同品种的农作物进行杂交，得到的杂种一代往往表现出比亲代更优越的性能。生物学上，显性基因通常有利于个体的生长和发育，相对的隐性基因则不利于生长和发育。杂种优势正是由于显性基因在个体内特异表达，而隐性基因被覆盖，最终导致显性基因蛋白发挥其功能，表现在个体上即优良性状。因此，在育种研究初期，人们大多数通过杂交的方法来选育优良品种，从植物到动物，杂交育种可谓是最基本也最重要的育种方式，它为后来的育种领域提供了坚实有效的基础。

在杂交育种中应用最为普遍的是品种间杂交（两个或多个品种间的杂交），其次是远缘杂交（种间以上的杂交）。在渔业生产上，中国自 20 世纪 70 年代以来，在鲤各品种间进行了 70 多个组合的杂交试验，获得了丰鲤、荷元鲤、岳鲤、芙蓉鲤等杂交新品种，它们成为淡水鱼类的新型养殖对象，已在全国各地推广养殖，并且获得了明显的经济效益和社会效益。在农业生产方面，选用两个在遗传上有一定差异又有互补的优良性状的品种进行杂交，可以生产出具有杂种优势的第一代杂交种。例如，水稻的杂种优势主要表现在生长旺盛、根系发达、穗大粒多和抗逆性强等方面。目前在高产杂交水稻杂种优势的遗传基础研究方面已取得重大突破，这一研究成果有望进一步优化水稻品种的杂交，实现对亲本材料的高效选育和配组，选育出更加高产、优质和多抗的水稻资源。在乳制品生产方面，中国荷斯坦奶牛（1997 年以前称中国黑白花奶牛）是我国产乳量最高、数量最多、分布最广的奶牛品种，它是由中国的黄牛与荷兰牛进行杂交并经长期选育而逐渐形成的，这种奶牛正是获得了双亲黄牛和荷兰牛的优良基因，才表现出繁殖性能良好、泌乳系统发育良好、体格健壮、结构匀称等特点。除此之外，还有动物界马和驴杂交产生的骡子、斑马与其他一种马科动物杂交产生的杂交斑马、骆驼和大羊驼杂交产生的混血骆驼，以及植物界的小麦、玉米、大豆及观赏植物多肉、玫瑰、菊花、蝴蝶兰等。杂种优势的利用已经成为提高产量和改进品质的重要措施之一。

⑵ 人工诱变（辐照、激光等）

人工诱变是指利用物理因素（如 X 射线、γ 射线、紫外线、激光等）或化学诱变（如亚硝酸、硫酸二乙酯等）来处理生物，使生物发生基因突变。这种方法可提高突变率，创造人类需要的变异类型。

20 世纪 80 年代后，诱变育种技术进入鼎盛时期，在作物育种和微生物育种方面取得重大进展。作物育种的目标是培育早熟、抗病、高产、优质的新品种，对具有某种优良品质的品种进行诱变，从中选出保持该品质并出现新的优良品质的突变体，诱变过程中，作物的基因型发生了一系列变化才使得它表现出新的性状。水稻‘科字 6 号’、‘鄂麦 6 号’、‘鲁棉 1 号’、大豆‘黑农 16 号’等很多农作物都是通过诱变技术获得的，在表型方面表现出比原材料更优越的性状；另外，四倍体玫瑰香葡萄的培育、花椒的种质创新、兰花的育种及药用植物的新品种培育等都是通过人工诱变的方法获取的。与作物育种相似，微生物育种的目标在于获得高产菌株。许多生化药物如核苷酸、酶制剂、氨基酸、抗生素等，常常用微生物发酵法来进行工业化生产，成本高，提取困难。如果可以通过改变某种微生物的代谢途径来积累其有效成分，那么即可利用这种微生物来大量生产药物。诱变就可以实现这一想法，生产成本也大大降低。近年来，通过诱变育种提高药物产量的例子屡见不鲜。

太空育种即航天育种，也属于人工诱变的一种，是将诱变材料如作物的种子通过卫星、宇宙飞船等送到太空，利用太空高真空、高能离子辐射、磁场等特殊环境刺激诱变材料，再将它们带回地面，检测并选择已经发生基因变异的种子进行正常的人工培育，最后得到新型诱变材料。为了得到更多新型的突变材料，目前已有不少国家开始搭建太空实验站，将不同物种的材料送上太空进行诱变试验，获得了太空育种南瓜、辣椒王、番茄、小麦及多种花卉植物（如百合、玫瑰、万寿菊等），这些新型诱变材料在植株大小、品质、抗逆性方面均表现出比地面生长的材料更优越的性状，可见太空育种是一个前景良好的诱变方式，并且育种对象的选择正在不断扩大，将来会有更多的物种被送上太空，给人类带来更多好处。

(3) 倍性育种

倍性育种 (ploidy breeding) 是指通过改变染色体的数量，产生变异个体，再从这些变异体中选择出优良个体，从而培育新品种的育种方法。倍性育种有单倍体育种、多倍体育种两种方式。

单倍体育种 (haploid breeding) 即利用植物组织培养技术（如花

药离体培养等）诱导产生单倍体植株，再通过某种手段（如用秋水仙素处理）使染色体组加倍，从而使植物恢复正常染色体数。单倍体是体细胞染色体组数等于本物种配子染色体组数的个体。

单倍体植株经染色体加倍后，在一个世代中即可出现纯合的二倍体，从中选出的优良纯合系后代不分离，表现整齐一致，可缩短育种年限。由隐性基因控制的性状在单倍体加倍后，由于没有显性基因的掩盖而容易显现，这对诱变育种和突变遗传研究很有好处。在诱导频率较高时，单倍体能在植株上较充分地显现重组的配子类型，从而提供新的遗传资源和选择材料。

我国于1960年开始单倍体育种工作，先后选育出烟草、小麦和水稻等新品种。离体培养两个作物品种杂交第一代植株的花药，可使其中的小孢子发育成为植株。这些植株具有配子染色体数，称为单倍体；因为作物子一代植株是杂合体，所以培养得到的单倍体是基因型分离的群体，育种家可从中选择理想的性状组合类型，再用秋水仙素处理，使染色体加倍，即可获得稳定遗传的品系。

多倍体育种（polyploid breeding）是指按照人们的意愿进行体外人工诱导使得生物体染色体数目加倍，从而获得具有优良性状的多倍体材料。

科学家可通过物理、化学和生物方法诱导生物染色体数目加倍，如射线照射、高低温刺激、杂交育种、化学抑制剂刺激等。根据诱导对象的不同选择相应有效的诱导方法是育种的关键，当植物的种子或幼苗受到刺激时体内就会发生一系列变化，此时，纺锤体形成受到抑制，染色体数目加倍，这就意味着多个等位基因重新互作、结合，产生新的功能，从而比亲本拥有更高的杂合性和更迅速的环境适应力。这一方法受到很多育种工作者的青睐，为育种行业做出很大贡献。

20世纪50年代我国开始多倍体育种的研究工作，其中蔬菜多倍体育种取得重大进展，已经培育出三倍体、四倍体西瓜，四倍体甜瓜及萝卜、番茄、茄子、芦笋、辣椒和黄瓜等多种多倍体材料。最经典的就是三倍体无籽西瓜。由于三倍体植株在减数分裂过程中，染色体联会发生紊乱，因而不能形成正常的生殖细胞，当三倍体植株开花时，授予普通西瓜（二倍体）成熟的花粉，刺激子房发育成果实，而胚珠不能发育成种子，因此就会形成无籽西瓜。多倍体育种的研究一直受到研究者的高度重视，随着育种技术的发展，多倍体育种将会取得更大的成就。

(4) 转基因

转基因指将人工分离和修饰过的有特定功能的基因导入目的生物体基因组中，从而达到改造生物的目的。人们常说的“遗传工程”“基因工程”也都是转基因的同义词或近义词。

几千年来，我们利用自然突变产生的优良基因和重组体来积累优良基因资源，通过人工杂交，进行优良基因的重组来实现遗传改良。但这些传统技术一般只能在生物种内个体间实现基因转移，这受到生物体间亲缘关系的限制。而且传统技术由于操作对象是整个基因组，所转移的是大量基因，不可能准确地对某个基因进行操作和选择，在优良品种的培育中效率低、时间长。而转基因的优势就在于它可使选定的特定功能基因转移到我们的目标生物体，既可以不受生物体间亲缘关系的限制，又有针对性地只改变个别或少量基因，即可达到我们的预期目标。转基因技术这种精准、高效的特点使得其在发明后不久就被广泛应用于医药、工业、农业、环保、能源、新材料等领域。

其中在医药和农业领域的使用最为广泛且效益显著。在医药领域，1982 年美国 Lilly 公司首先实现利用大肠杆菌生产重组胰岛素，标志着世界第一个基因工程药物的诞生。目前已有基因工程疫苗、基因工程胰岛素和基因工程干扰素等药物面世。已经商业化的基因工程疫苗有乙肝疫苗、百日咳疫苗、狂犬病疫苗、轮状病毒疫苗和口蹄疫病毒疫苗等。这些疫苗多数采用基因工程微生物作为生物反应器来生产，也有一些特殊的基因工程药物采用动物乳腺、血液等作为生物反应器来生产。

转基因技术在农业的节本增效、资源高效利用、抗虫抗旱、减少农药施用量，以及推进绿色发展等方面同样发挥着巨大作用。1994 年美国农业部批准晚熟番茄进入商业化生产，成为市场上第一个转基因食品；1996 年美国转基因作物进入规模化商业化阶段，从此掀起了农业生物技术产业应用的新高潮。截至目前，全球转基因研发对象涵盖至少35科200多种，涉及大豆、玉米、棉花、油菜、水稻和小麦等重要农作物，以及蔬菜、瓜果、牧草、花卉、林木及特用植物等，主要目标围绕抗虫、抗除草剂、抗病、抗旱、抗寒、抗涝、抗盐碱、高产和品质改良等特性进行新品种的培育。美国是世界上转基因作物的种植大国，也是转基因食品消费最多的国家，94%的大豆、92%的玉米、94%的棉花、93%的油菜都是转基因的（数据为2015年的种植情况）。

为满足特殊需求，一些批准应用的转基因生物也是层出不穷。野生三文鱼无法满足人类日益增长的食品需求，科学家就将体型大的大鳞大麻哈鱼的生长激素基因转给了普通三文鱼，普通三文鱼需要生长36个月才能上市，而转基因三文鱼仅需18个月。这种转基因三文鱼于2015年11月19日被批准上市。埃及伊蚊传播登革热、痢疾和寨卡病毒，给人类带来了沉重的病痛负担，由于其自身进化，即便是最有效的杀虫剂也无济于事。科学家通过培育携带致死性基因的蚊子，在户外的自然传代将一种致死性基因传递给后代，从而减少埃及伊蚊的数量。世界卫生组织将使用转基因蚊子新技术来阻止寨卡病毒传播。

关于转基因生物的安全问题，一直以来是大众关注并讨论的热点。各国政府也在不断加强对转基因技术的监管和评价，制定了一系列法律法规，为转基因生物的有序化发展保驾护航。2016年，诺贝尔生理或医学奖获得者夏普（P. Sharp）借助http://supportprecisionagriculture.org网络平台发出呼吁，公开署名支持转基因技术，截至2017年1月18日，支持转基因农作物的诺贝尔奖获得者人数达到了123人。因此，我们有理由相信经过科学的安全评价，并由政府严格审批的转基因产品是安全的。

（5）基因编辑

随着生物技术的日新月异，新的技术可以带来更广阔的发展前景，例如，DNA链可以被切开进行改造之后再重新连接，也就是说，人们可以像编辑文字一样，对基因进行编辑，这项技术被称为基因编辑技术。基因编辑指能够使人类对目标基因进行“编辑”，实现基因的敲除、特异突变引入、定点转基因等。

锌指核酸酶（ZFN）不是自然存在的，而是一种人工改造的核酸内切酶，由一个DNA识别域和一个非特异性核酸内切酶构成，其中DNA识别域赋予特异性，在DNA特定位点结合，而非特异性核酸内切酶具有剪切功能，两者结合就可在DNA特定位点进行定点断裂，从而实现对目标基因的编辑修改。这项技术可以广泛应用于医药、农业等各领域，如利用该技术定点敲除牛肌肉抑制素基因，从而可提高牛肉的瘦肉率。利用ZFN对人多潜能干细胞中的*CCR5*基因进行敲除，可构建出*CCR5*缺失型的造血干细胞。研究表明，*CCR5*是艾滋病进入细胞并在细胞内复制的辅助受体，将该基因敲除后的造血干细胞可以用于艾滋病的治疗。但是ZFN技术用于临床治疗还有很长的路要走。例如，人们不能预期引入的ZFN蛋白是不是会引起免疫系统的进攻。到目前为止，这样的技术似乎只能用于那些可以从患者体内抽取出来的细胞，对它们进行体外操作，再注回患者体内，无法解决患者自身基因突变的问题。

转录激活因子样效应物核酸酶（TALEN）是一种可靶向修饰特异DNA序列的酶，它借助于TAL效应子（一种由植物细菌分泌的天然蛋白）来识别特异性DNA碱基对。TAL效应子可被设计识别和结合所有的目的DNA序列。对TAL效应子附加一个核酸酶就生成TALEN。TAL效应物核酸酶可与DNA结合并在特异位点对DNA链进行切割，从而导入新的遗传物质。相比于传统的ZFN技术，TALEN具有独特的优势：设计更简单、特异性更高。目前，基于TALEN的基因组编辑技术已经被广泛用于基因敲除、敲入、转录激活等，如通过TALEN技术将犬瘟热融合蛋白重组基因整合到母山羊体内，利用母山羊的乳腺来生产犬瘟热重组疫苗，具有安全、高产、成本低等多种优势。利用TALEN技术敲除奶山羊β-酪蛋白基因，同时在敲除位点定点整合*hfat-1*基因的研究已见报道，由此获得的奶山羊可以提高奶中ω-3脂肪酸的含量。利用TALEN技术将鱼油内的长链不饱和脂肪酸ω-3的合成基因经过人工改造后，整合到牛、羊体内，通过乳腺获得品质改良后的奶，通过喝奶就可以享用到平时价格昂贵的鱼油关键成分了。

CRISPR/Cas9 是继 ZFN 技术、TALEN 技术之后出现的第三代基因组定点编辑技术，该技术主要利用 RNA 引导 Cas9 核酸酶在多种细胞的特定基因组位点上进行基因的切割和改造。相比前两代基因编辑技术，CRISPR/Cas9 具有可同时编辑多个位点、编辑效率高、设计过程简单易操作等优点，成为目前最流行、应用范围最广的基因编辑技术，已经成功地用于 DNA 敲除、DNA 修复、DNA 修饰、DNA 标记等研究，短短几年内，研究对象囊括了大肠杆菌、酵母、水稻、玉米、小麦、烟草、牧草、斑马鱼、小鼠和猪等多种生物体，被广泛应用于医药、农业、工业等领域。随着科学技术的不断发展，CRISPR/Cas9 技术体系不断完善和升级，其应用领域也在逐渐拓展，能源、环保、健康等领域应用将会迅速铺开，同时该技术将不断与其他类型技术相融合，如与基因测序、基因表达分析、疾病模型、药物递送等技术相结合，使得这些技术的应用领域更加广泛。

(6) 全基因组选择育种

全基因组选择育种（genomic selection，GS）的思想是 Meuwissen 等于 2001 年最早提出来的，具体是指利用高通量测序技术对群体进行研究，定位到控制某个目标性状的基因，然后通过序列辅助筛选或者转基因的方法来选育新的品种。全基因组选择育种可以获得高准确度的育种值，它主要利用的是连锁不平衡信息，以保证利用标记估计的染色体片段效应在不同世代中都相同。目前，鸡、牛、猪、羊等家畜基因组序列图谱及 SNP 图谱的完成或即将完成，为基因组研究提供了大量的标记，确保了有足够高的标记密度，而且由于大规模高通量的 SNP（single nucleotide polymorphism，单核苷酸多态性）检测技术也相继建立和完善，使得全基因组选择方法的应用成为可能，并且将成为一项新的育种技术。

与分子标记辅助选择育种（molecular marker assistant selection breeding，MAS）相比，GS 技术存在很多优势，首先，它能准确估计所有的遗传和变异效应，而 MAS 只能对部分遗传变异进行检测，并且容易高估其遗传效应。其次，GS 显著缩短了物种的世代间隔，大幅度提高了畜禽选育的遗传进度，生产成本大大降低。最后，GS 有效克服了一些 MAS 难以测定性状的困难，扩大了育种范围，可靠性大大提高。

尽管 GS 能显著提高畜禽选育的遗传进度，但仍受到许多因素的影响，如标记类型和结构、标记密度和标记间的连锁不平衡程度、表型世代数、性状的遗传特性、世代间隔距离等，因此，在育种过程中，科学家必须通过大量标记和筛选，确定最优遗传性状后才能进行试验，以保证选育的最优性和高效性。

由于 GS 技术具有降低生产成本并可缩短世代间隔等优势，近几年来，其已成为遗传育种领域的研究热点，尤其在畜禽育种中大量应用。例如，通过该技术已选育出产奶量高、品种优良的奶牛，以及繁殖力、饲料利用率、肉质等性状显著提升的肉鸡、猪等。

(7) 克隆

克隆是英文“clone”的音译。在生物学上，克隆通常用在两个方面：一是基因克隆，指通过生物技术方法在一个个体中针对某个目标基因进行大量复制获得多拷贝数的基因群体，这是科研人员在操作基因时的一个专用名词；二是物种克隆，这是我们日常生活中耳熟能详的概念，是指利用生物技术由无性生殖产生出与原个体具有完全相同基因组后代的过程。克隆羊多莉就是由绵羊的体细胞克隆而来的。

其实，自然界中很多植物都有自我克隆的能力，如番薯、马铃薯、玫瑰等扦插繁殖的现象就属于克隆的一种形式。与植物截然不同的是，动物没有自我克隆的能力，克隆的过程是由胚胎细胞到体细胞。从 1952 年起，科学家就开始了克隆试验，第一例克隆生物就是青蛙，由青蛙的细胞核克隆得到蝌蚪，最后发育成成蛙。中国科学家童第周在 1963 年通过将一只雄性鲤鱼的遗传物质注入雌性鲤鱼的卵中，从而成功地获得了一只克隆鲤鱼。1964 年，英国科学家格登（J. Gurdon）通过青蛙克隆试验证明了动物的体细胞核具有全能性。1996 年 7 月 5 日，克隆羊多莉问世，它由一只成年羊的体细胞克隆而来，它与它的“母亲”在外形和体内基因方面一模一样，这是传统技术所做不到的，可以说，多莉的产生是科学界克隆成就的一大飞跃。继多莉出现后，又出现了克隆猪、克隆猴、克隆牛等动物，似乎一夜之间，克隆时代就来到人们眼前。1998年7月，美国科学家克隆了27只小鼠，其中7只是由克隆小鼠再次克隆的后代，这是继多莉以后的第二批哺乳动物体细胞核移植后代。克隆技术再次成为人们所关注的热点。

到目前为止，克隆技术已被应用于很多领域，在优良品种的繁育和特异品种的保存方面起到重要作用。某些数量少、繁殖力低或濒临灭绝的动植物可以通过克隆的办法进行繁殖，在一定程度上可以保留物种多样性。另外，细胞克隆技术的研究也成为当今医学界的热点，科学家已将人胚胎干细胞生成神经细胞和间充质干细胞，而猪的胚胎干细胞也可以转变为心肌细胞，接下来将试图通过细胞克隆技术为患者生产自身的胚胎干细胞。

(8) 人工合成基因

基因合成是指按照人们的意愿在体外人工合成双链DNA分子的技术，人工合成基因的长度范围通常为50bp～12kb。

美国俄勒冈州里德学院文特尔（C. Venter）等发明了“合成细胞（synthetic cell）”，这是一种携带了人工改造基因组的普通细菌。由于基因组DNA在整个细菌中只占到了1%的质量比例，因此我们可以认为只有很少一部分的细菌是属于人工合成性质的。但是由于基因组对于生物体的意义十分重要，因此从这个角度来说是这种人工合成的物质控制了整个细菌细胞，如其结构与功能等。

美国生物学家科恩（S. Cohen）开创了人工合成基因的先例，他将金黄色葡萄球菌的质粒和大肠杆菌的质粒“组装”成“杂合质粒”，“送入”大肠杆菌体内，得到了抗药性大肠杆菌，为后续试验提供了可靠性的基础。他还将非洲爪蟾的一段DNA与大肠杆菌的质粒进行“拼接”，大肠杆菌获得了非洲爪蟾的核糖体核糖核酸（rRNA）。1970年，美籍学者科兰纳（H. G. Khorana）首次用化学方法人工合成了有77个核苷酸对的酵母丙氨酸的结构基因。后来，很多真核生物基因也通过人工合成的方法来获得，如家兔和人的珠蛋白基因、人生长激素抑制因子的基因等。除此之外，胰岛素、干扰素等都是通过基因工程的方法人工合成的。该方法可以在较短的时间内培育出大量人们所期望的新的生物制品，大大提高了生产效率，成为科学领域最具发展前景的技术之一。2010 年，完全由人造基因控制的单细胞细菌诞生，这是首例人工合成的生命，这一成果的出现开创了人工合成生命的新时代。

人工合成技术的出现相对以往只对单独某个或几个基因进行遗传改造的技术来说是一项意义重大的突破。人工合成的基因组包含了所有天然基因组含有的信息，当然还有一点微小的差别，如在人工合成基因组当中添加的一些“水印标记”等。但是我们不能就此止步，因为从技术上来说，人工合成基因组中的任何信息都是可以继续被人工改造的。将来可能出现的人工合成细胞（生命）会是一种我们从未见过的新东西。

人工合成的生命的确能够帮助我们更好地了解自然的生命。不断缩减基因组的大小可以告诉我们哪些基因与生物体生长的速度、效率和生命力大小有关。这种人工合成基因组 DNA 的新技术也让我们能够尝试进行一些只能在全基因组水平上开展的研究工作，如尝试制备一种对所有病毒、酶或者各种“天敌”都具有抗性的细胞。如果研究发现，最小的基因组就是一个基因，那么更大的人工合成基因组就显得更有科学意义。

第2章 自然发生的基因变迁

导读　生命中有两个最为奇妙的现象，一个是遗传所展现的保守的重复过程，另一个就是变异带来的多样性变化。生命的产生和进化就在遗传和变异中成长为一棵进化树，在不同的分支节点，因为某个或某些基因的突变迁移，带来一个新的特征，形成一个新的分支，出现一个新的物种；而一个物种从远古到现代，也在变异中不断适应着新的环境，被自然和人类活动选择着，有的与远古的样子相比面目全非了，有的彻底消亡了，也有的被人工驯化了。只是想象这些，就觉得这自然界中无数生命体的发生和发展是那么变幻莫测。科学就在认识这些奥秘中不断发展着，同时也在科学的进步下，我们对自然发生的基因变迁有了越来越多的认识。

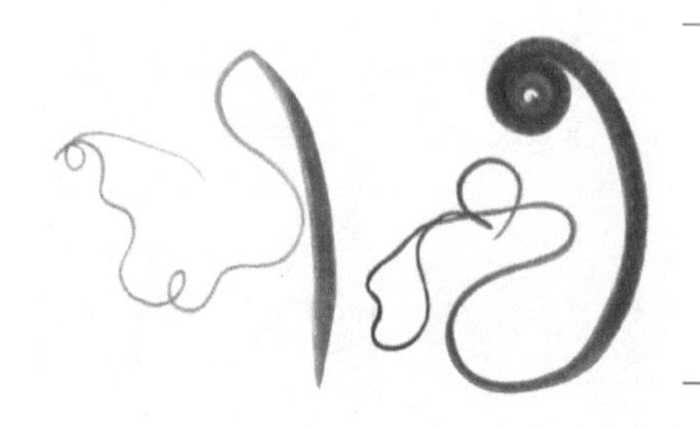

1. 领鞭虫引领单细胞向多细胞的生命进化

◎领鞭虫

生命起源最初是简单的单细胞，进化的过程就是生命体从单细胞到多细胞、从简单到复杂，对领鞭虫（*Monosiga brevicollis*）的研究为这个过程中的基因变异提供了很多信息。

领鞭虫被认为是和动物最为相近、自由生活的一种原生动物，整个身体呈海绵状，有着长鞭一样的须，而包围着须的是一系列微绒毛，有较短向外弯曲的尾部结构，称为鞭毛，它可以帮助领鞭虫在海水中自由移动并获取食物。虽然领鞭虫属于单细胞生物，但是当它们汇聚在一起的时候，似乎是一种由单细胞向多细胞进化的形式。在缺乏领鞭虫化石材料的情况下，科学家采用了一种称为“祖先蛋白质重建”的技术，通过分析领鞭虫当今后代的DNA，得以重新构建6亿年前的远古生物基因组。一般认为，由单细胞到多细胞的演变过程非常复杂，需要众多基因共同协作才能实现。但是研究发现，领鞭虫出现个体汇聚的变化是由单一基因的变异引发的。这个基因编码一种甘油激酶蛋白（glycerokinase protein interaction domain，GKPID），是一种“相互作用结构域”，可以沟通、联系其他蛋白质，促进单一生命体之间的聚合。每一个领鞭虫的基因组中都包含甘油激酶蛋白基因，通过这种相互作用结构域使单细胞的领鞭虫集聚在一起成为单系类群。现如今科学家在动物基因组及其相关的单细胞“亲戚”中都可以发现因突变而产生的这种蛋白质结构域。为了形成并维护体内组织，多细胞的生物会将其纺锤体与相邻细胞相连接，这一行为就是由甘油激酶蛋白相互作用结构域来完成的。由此可见，在单细胞向多细胞的进化过程中，仅仅通过一个相对简单但高概率的基因变异，便演化出了全新的蛋白质功能。

除了为进化给予提示的甘油激酶蛋白相互作用结构域外，科学家还从领鞭虫的研究中激发了对癌症治疗的新思维，癌症细胞由于变异而无限增殖，成为不死的细胞。科学家发现，领鞭虫体内的酪氨酸激酶基因多达 128 种，比人类基因组中的该基因还多 38 种。这些激酶具有传导细胞生长、停滞及死亡等重要信号的功能。它所控制的信号网络比系统树上具有更高进化地位的任何多细胞有机体更复杂、更多样，了解其中的机制或许能够带来更好的癌症治疗方法。现在已经开发出许多成功的抗癌药物，如用于治疗白血病的药物格列卫(Gleevec)，就是专门靶向攻击不规则的酪氨酸激酶的。

2. 性别之分的关键基因

女性与男性◎

人有男女之分，动物有雌雄之分。性别特征的差异是显而易见的，也是物种繁衍的基础。性别的出现及性别的变化都是由基因的变化引起的。

包括人在内的哺乳动物的性别是由性染色体决定的，如人类有 23 对染色体，包括 22 对常染色体和 1 对决定性别的性染色体，男性的 2 条性染色体是异型的，一条 X 染色体，一条 Y 染色体，组成“XY”；女性的 2 条性染色体是同型的，都是 X 染色体，组成“XX”。人的基因组有 3 万多个基因，但是决定男性的只有一个基因，这就是 Y

染色体上的 *SRY* 基因，也被称为“性别决定基因”（sex-determining region，SRY）。人的 *SRY* 基因编码一个由 204 个氨基酸组成的蛋白质。SRY 蛋白在胚胎发育过程中会促进原始性腺的性分化，刺激胚胎向男性化发展；没有 SRY 蛋白，或者 *SRY* 基因发生突变，胚胎则向女性化方向发展。目前，在所有哺乳动物包括胎盘类、有袋类和单孔类中均发现了 *SRY* 基因。

研究发现，单孔动物可能是最早具有 Y 染色体的生物。单孔动物（如鸭嘴兽）是现存最原始的哺乳动物，处于哺乳动物和爬行动物分支进化的节点处。爬行动物的性别不是由性染色体决定的，通常与环境有关，因此在哺乳动物进化之前，原始的 X、Y 染色体与其他染色体没什么差别，各自携带着相同的基因，进行着正常的基因重组和交换。在大约 3 亿年前，原始 Y 染色体的 *SOX3* 基因（SRY-related HMG-box gene）发生了突变，变成了 *SRY* 基因，出现了 X、Y 性染色体的区别，并逐步形成了严格的性别决定机制。*SOX3* 基因编码一种转录因子，它与爬行动物的性腺形成有关，在早期哺乳动物中也行使类似的功能。该基因突变形成的 *SRY* 基因，可能在进化中负责雄性性腺的形成。

在鸭嘴兽祖先出现 Y 染色体后，Y 染色体还出现了多次基因变化。大约 2 亿年前，Y 染色体发生了一次染色体内的重组，由于染色体两端序列发生了反转交换位置，*SOX3* 基因出现在 X 染色体底部，而 *SRY* 基因出现在 Y 染色体顶部，使得 X 染色体与 Y 染色体能够配对的序列大大减少，不能进行同源重组，造成大量基因突变，并在修复过程中 Y 染色体序列大量丢失，使 Y 染色体缩小。随后的几百万年间，染色体又经历了再次反转和序列重排，使 X、Y 染色体的差异越来越大，X 和 Y 染色体只有极少部分能交换发生。经过漫长的进化，Y 染色体也逐步稳定。人类的 X 染色体与其他常染色体的大小、形状基本没有差别，有 2000 ～ 3000 个基因，但 Y 染色体只有 X 染色体的三分之一大小，布满反向重复序列，携带基因很少，只有 20 ～ 30 个。Y 染色体在进化中的巨大变化也造就了功能的专一性，使 Y 染色体只负责雄性发育。

小知识

由于 *SRY* 基因是 Y 染色体中最重要的基因。在胚胎的性分化过程中，*SRY* 基因刺激原始性腺向睾丸方向发育，睾丸分泌雄激素，刺激胚胎向男性化方向发展。不过，近年来，研究发现人类 Y 染色体有逐渐消失的趋势，因为在数百万年前 Y 染色体上有 1500 个基因，而现在只剩下几十个，按照这个趋势发展下去，Y 染色体有可能会彻底消失，男性将不复存在。但是，基于人类进化的原则，也许会有新的性染色体替代 Y 染色体，即产生不同于男女的“第三性别”来替代男人，这种人可能同时拥有男性性器官和女性性器官。

3. 蛍火虫是夜晚的小精灵

萤火虫◎

萤火虫是夏夜的一道靓丽的风景，它们在草丛中一闪一闪，给人们带来一种既神秘又浪漫的感觉，常被称为“小星星”或者“夜间小精灵”。它是如此独特，是最早发现也是最常见的一种发光生物，它为什么会发光呢？

不同种类的萤火虫能发出不同颜色的光，都是由它们体内的萤光素酶基因决定的。科学家发现，萤光素酶与体内基本脂肪酸代谢中普遍存在的脂酰辅酶 A 合成酶非常相似，因此猜测萤火虫最初的那个闪亮可能是个美丽的错误，是一种脂肪酸代谢基因发生了偶然的突变造成的。萤光素的合成过程与脂肪酸的合成很相似，都是形成一个长链物质，只不过发光反应合成需要一种特别的化合物萤光素并将其作为底物参与反应。科学家利用不会发光的黑腹果蝇的脂酰辅酶A合成酶在体外成功催化了发光反应，使细胞发出了淡淡的红光，证实了萤光素酶催化的发光反应与脂酰辅酶A合成酶的关系。但是，直接给黑腹果蝇喂食这种特殊的发光化合物，果蝇体内不能进行发光反应，它还是不会发光。由此看来，虽然在理论上，包括果蝇在内的许多昆虫都具有这种类似的萤光素酶，但发光并不是那么简单的事。

在漫长的进化过程中，萤火虫除了让原本合成脂肪的酶类能够催化发光反应外，还进化出了专门的发光器官。萤火虫的发光器由发光细胞、反射层细胞、神经与表皮等组成，位于萤火虫的腹部。萤火虫有几千个发光细胞，细胞中既有萤光素酶，又有萤光素。通过发光器上的气孔导入空气后，萤光素与氧气在萤光素酶的作用下发生氧化还原反应，萤火虫就发出了荧光。而且通过发光细胞下面反射层细胞的作用，能使光线集中反射，使得萤火虫的光在夜晚显得尤其明亮。

发光反应是一种光化学反应。不同的萤光素酶结构对应着不同的荧光颜色。科学家发现，萤光素酶上的一个异亮氨酸残基非常关键，当它与氧化萤光素牢牢结合时，萤火虫的荧光是黄绿色的；而它与氧化萤光素结合得不那么紧密时，萤火虫的荧光就变成了红色。可见，不同萤光素酶的立体结构不同，它们的异亮氨酸残基的位置就会不同，导致与氧化萤光素的结合能力不同，发出的荧光也就有了红绿之分。

萤火虫发光可不是为了愉悦人类欣赏夏季夜晚的美妙，而是为了异性之间相互吸引。每位雄性萤火虫都会发出属于自己种类的专门信号，点亮自己，吸引异性，而同类的雌性萤火虫会用特定的闪烁模式来回应。除了求偶外，萤火虫发光还能吸引自己的猎物，警告其他捕食者，当然在受到惊吓时，萤火虫会关闭光亮，防止被天敌发现。

萤火虫发光的现象也给人们带来了无限的想象，去思考如何利用发光来造福我们的生活。现在萤光素酶和萤光素已经在科学研究中广泛应用，这种酶和底物的结合可以作为遗传标记，用于检测基因的表达，既灵敏又安全，检测手段还非常方便。研究者通过模拟萤火虫发光器的结构，现在还制造出一种新型 LED 覆盖层，它的光效率提升了 50%，因此是一种非常好的节能产品。萤火虫是血吸虫的克星，因此还能应用于生物防治血吸虫。它本身也是生态环境优劣的指示物种，可以用来检测水质的污染程度，只有生态环境良好的地方才能看到小小萤火虫飞舞的美景。

4. 蝴蝶进化过程中的基因转移

蝴蝶◎

蝴蝶大多色彩斑斓，常在草木繁盛、鲜花盛开的阳光下随风飞舞，以花粉、花蜜为食，被誉为“会飞的花朵”。它是一大类昆虫的统称，属于节肢动物门、昆虫纲、鳞翅目。蝴蝶种类繁多，全世界大约有 14 000 种，我国大约有 1200 种。它是昆虫演进中最后一类生物，一直可以上溯到白垩纪显花植物出现的时候。

科学家在研究蝴蝶的基因组时，发现其中存在许多来自寄生蜂的基因，寄生蜂的基因是怎么转移到蝴蝶中的呢？这是因为寄生蜂为了繁衍后代，借助一种蜂茧病毒攻击蝴蝶，病毒基因会被整合到蝴蝶的基因组中，有了病毒作为“内应”，当寄生蜂把卵产在蝴蝶幼虫

（毛毛虫）身体中时，就不会被蝴蝶的免疫系统当成外来物被消灭掉，从而使寄生蜂的卵顺利发育长大，同时病毒还能将寄生蜂的部分基因片段转移到蝴蝶体内。随着这种寄生关系的建立，这些外来基因在长期进化过程中被蝴蝶保留下来，并“驯化”，蝴蝶能利用它们抵抗其他致病病毒的侵害。

科学家已经在许多品种的蝴蝶中发现了寄生蜂的基因，以君主斑蝶为例，其体内发现了来自茧蜂的 *Ben9* 和 *Ben4* 病毒基因。*Ben9* 和 *Ben4* 基因都属于 *Ben* 基因家族，完整的 Ben 蛋白是体积最大的茧蜂病毒蛋白，在不同科属的多种动物蛋白和病毒中都存在。在脊索动物痘病毒和茧蜂病毒中主要作为可调解蛋白，参与生物抵御外来侵害，因此这种进入蝴蝶体内的茧蜂病毒基因被认为能够帮助蝴蝶来抵御一些其他病毒。茧蜂病毒 *Ben* 基因整合到寄主斑蝶基因组上，在寄生期间并不在宿主组织中进行大量复制，因此 DNA 在鳞翅目幼虫体内能够留存较长时间，使寄生蜂的卵继续发育。另外，在斑蝶亚族也捕捉到茧蜂病毒 *Ben9* 基因的踪迹，它存在于约 500 万年前斑蝶属和青斑蝶属的共同祖先体内，这两个蝶属均属斑蝶亚族，说明基因嵌入由来已久。在其他鳞翅目昆虫（如家蚕）的基因组中同样发现了茧蜂病毒 *Ben* 基因。考虑到自然界存在大量寄生蜂的种类，而且针对这些寄生蜂的病毒也有很多种类，因此科学家认为，这种从蜂类到蝶类（或其他昆虫）的基因水平转移可能是相当常见和多样化的。

研究已经证实，蝴蝶在进化过程中存在自然发生的“转基因”现象，而这种跨越生殖障碍的基因水平转移在自然界是普遍存在的，而且可能是真核生物进化过程的重要因素，能够为生物体引入新的性状。在蝴蝶的例子中，基因的水平转移借助了第三种生物，也就是病毒的帮助，如果转移来的新基因对蝴蝶也有益处，那就会保留下来，如此完成了一次完美的进化。由于病毒具有在宿主之间转移基因的能力，利用病毒的这种特性，通过病毒侵染转入外源基因，现在已经成为最常规的分子生物学实验手段。有关基因水平转移也发现了越来越多的证据，在我们人类自己的基因组中也发现了大量不属于人类的 DNA，其中有许多远古病毒基因片段，这些序列占人类基因组的 8% 之多。虽然这些序列中基本没有完整的原病毒基因组，但足以使我们认识到那些病毒序列对人类自身进化的影响可能要普遍得多。

5. 鲫鱼大变身成为水中小精灵金鱼

鲫鱼（上）和金鱼（下）◎

金鱼色彩绚丽，形态优美，是著名的观赏鱼类，深受人们的喜爱。据文献记载，我国已经有上千年的人工金鱼养殖历史。普遍认为，古人在捕鱼为食的过程中，观察到了野生鱼类中发生变异的情况，特别是体色变异为红色或者金红色的种类尤其受到关注，并被统称为“金鱼”，单独养殖起来，慢慢地发展成为观赏鱼品种。

金鱼历经池塘养殖、缸盆养殖到以观赏为目的的人工选择育种的过程，金鱼的颜色和形态均与野生鱼类有着巨大的差异，因此金鱼的进化引起了科学家的浓厚兴趣。科学家通过杂交等试验均证实，金鱼是由野生鲫鱼发展演化而来的，金鱼是鲫鱼的变种，二者在科学上属于同种，使用同一个学名 *Carassius auratus*。科学家还通过对金鱼线粒体的研究探讨了金鱼品种内的演化关系，同时也验证了金鱼和野生鲫鱼的进化演变关系。通过检测来自不同金鱼品种的线粒体DNA的控制区和细胞色素*b*基因（*cyt b*），发现尽管金鱼和鲫鱼形态差异显著，可是二者间的分化还未达到种的水平，而且不同代表性金鱼品种的*cyt b*序列也高度一致。野生鲫鱼群体和金鱼的遗传差异分析结果则显示，金鱼最早的发源地可能就在我国长江中下游地区。

多态位点的某些调节基因发生突变，使得金鱼较野生鲫鱼产生了许多同工酶系列，同工酶可以作为各组织器官特异性的重要标志，是基因的生化表现型。通过对野生鲫鱼和金鱼的葡萄糖-6-磷酸脱氢酶（G6PD）同工酶、乳酸脱氢酶（LDH）同工酶等的分析，可以为基因的加倍和演化提供遗传标志。对金鱼G6PD同工酶的分析表明，金鱼在系统发育过程中经历了二倍体化过程，金鱼有10条染色体，属于双二倍体（四倍体），同工酶谱带上存在2个独立重复的G6PD谱带。LDH同工酶的酶谱在不同个体间的差异很小，但不同组织间的差异显著，金鱼和鲫鱼的同工酶酶谱相似，但酶的表达量存在差异，间接验证了金鱼与鲫鱼的亲缘关系。

金鱼体色多样，最常见的是红色或橙红色，除此之外，还有银白色、墨色，甚至紫色、蓝色和花色。鱼体表面的颜色实际取决于真皮层中色素皮肤细胞的组成。金鱼体表的色素细胞只有黑色色素细胞、橙黄色色素细胞和淡蓝色反光组织3种，而所有这些成分其实都存在于野生鲫鱼中。因此实际上，金鱼鲜艳多变的体色并非因变异产生了新的色素，只是这3种色素细胞的数量或者聚散方式发生了变化，如某种色素部分或全部缺失等，通过交配和选育，出现了不同色素细胞新的排列组合，形成了让人眼花缭乱的体色。金鱼的体色除了受到遗传因素的影响外，还与环境因素的变化密切相关，包括温度、水质、光照等。初生的幼鱼是没有多彩的颜色的，成鱼后才发生颜色变化。除了体色外，金鱼的形态非常多样，可以说金鱼的任何一个性状都是经过变异的，这些变异性状的获得都是自然突变、杂交及人工选择的结果。

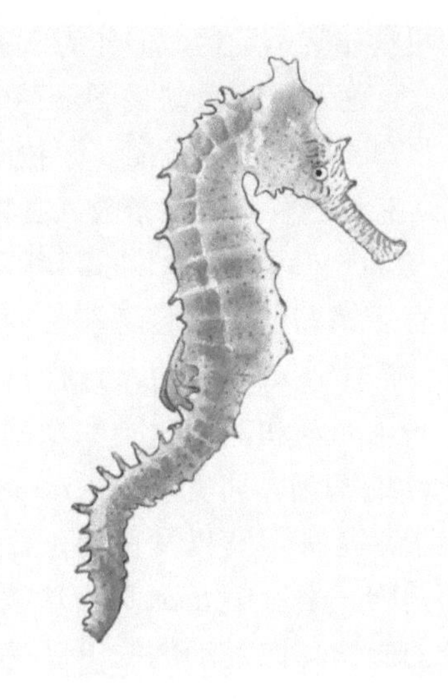

6.

特立独行的海马

海马◎

2016 年 12 月 15 日，华大基因、中国科学院南海海洋研究所、德国康斯坦茨大学和新加坡科技研究局合作完成的海马基因组分析研究论文，作为《自然》(*Nature*) 杂志封面发表。近年来，基因组分析的文章发表在顶级期刊的难度逐渐加大，要上《自然》(*Nature*) 的封面更是难上加难。那么海马基因组到底有什么重大发现呢？

海马 (*Hippocampus*) 是一种长相奇特的鱼类，头部弯曲与身体呈近直角状态，口部呈长管状，全身覆盖硬骨骼，没有腹鳍和尾鳍，也没有鳞片。海马游泳时头部朝上，以直立或斜直的状态游动。海马还有一个非常特异的地方：它是地球上唯一拥有“雄性育儿”行为的物种。海马身上的种种奇异吸引了科学家广泛的关注和研究兴趣。海马为什么是鱼不像鱼？为什么游泳像走路？为什么由雄性来生育孩子？这些秘密的答案都在最新破译的海马基因组中。

对其基因组的分析显示，海马是已知鱼类中进化最快的一种。通过与其他硬骨鱼基因组相比较，发现在快速进化过程中，海马与形态发育相关的基因发生了明显变化。例如，海马 *Hox* 基因的非编码调控元件发生了缺失，导致海马体型发生了严重的变化；海马只有 26 个嗅觉受体基因 (*ORs*)，而其他鱼类通常达 60 ～ 169 个，因此海马的嗅觉非常不发达，但作为一种生存补偿，海马使用发达的视觉进行捕食；海马还大量缺失了一种分泌型钙结合磷蛋白（SCPP）基因，这种蛋白质主要参与骨骼、牙釉质和牙本质等的形成，因此海马没有牙齿，它通过长长的鼻子吸入食物而不用咀嚼。

与其他鱼类截然不同，海马采用的是直立游泳的运动方式，它只有胸鳍和背鳍，腹鳍在长期进化中丢失。海马的腹鳍相当于高等动物的下肢或人的腿，这样一个重要器官为什么会丢失呢？科学家比较了海马和其他鱼类的全基因组，发现海马体内缺失了一种称为 *tbx4* 的基因。研究发现，*tbx4* 基因是有颌类脊椎动物保守的转录组因子，是决定肢体发育的重要基因，在哺乳动物中是调控下肢形成的基因。小鼠中 *tbx4* 基因功能丢失会导致小鼠下肢发育的失败，而鱼的腹鳍与四足动物的下肢是同源的，因此科学家推测海马腹鳍的缺失可能与此相关。为了验证这一推测，科学家在斑马鱼中进行基因敲除实验，结果发现，敲除 *tbx4* 基因的斑马鱼的腹鳍完全消失，而且并没有引起其他体型相关特征的改变，从而确证了 *tbx4* 基因的丢失是海马腹鳍缺失的关键原因。科学家称，这一发现在整个生物界中非常重要。该研究结果将为阐明鱼类进化过程中腹鳍丢失的分子机制提供重要线索，为研究器官形成、发育、丢失提供证据，对于加深人类认识海马生物学特性和海洋鱼类进化地位具有重要意义。

除了游泳方式外，科学家还揭开了海马雄性育儿的秘密。基因组研究显示，海马育儿袋相关基因 *pastn* 发生了复制。*pastn* 基因具有调控生理、营养、免疫等过程的功能，能够帮助保护幼鱼，其在海马体内特异性的高表达是海马雄性育儿的主要因素。另外，在海马中共找到 6 个虾红素基因，明显多于其他硬骨鱼，而且有 5 个虾红素基因在怀孕中期及后期的雄性海马育儿袋中高度表达，因此推测它们也可能与海马特殊的繁殖方式有关。

海马的进化特征非常独特，对海马基因组的分析比较为我们重新认识鱼类的进化地位及其在适应环境变化过程中的遗传基础提供了很多新的依据，有助于海洋生物科学的发展。

7.

蜥蜴的断尾再生术

蜥蜴◎

平时我们看到墙上或屋顶爬行的蜥蜴时，往往会通过声音或者物体触碰去赶走它。当用小木棍追打蜥蜴时，往往会打断其尾巴，尾巴留在了墙壁上，而它自身却逃跑了，这时便可以看到有趣的一幕了：断掉的尾巴一头粘在墙上，另一头则不停地打圈、摇晃，持续几分钟后才停下来。断掉的尾巴并不会出血，一段时间过后，这只蜥蜴又会重新长出新的尾巴。这一神奇的现象引起了科学家的极大兴趣。

原来，蜥蜴的尾巴是一种自救工具，同时也是贮存营养的仓库，当它们遇到天敌时，便自断其尾，以活脱脱乱动的尾巴吸引天敌，自身则逃之夭夭，脱离险境。但是断了的尾巴在一段时间之后又会长出新的尾巴来，丝毫不影响蜥蜴的外观。断尾自救也是无奈之举，尾巴断了，那么营养库也就缺失了，并且尾巴的粗细、长短也决定了蜥蜴在同类中的地位，失去尾巴就意味着它们的地位下降，会受到欺凌。所以，断尾的蜥蜴不得不忍辱负重，从身体其他部位获取营养来供应其尾巴的再生。

为什么蜥蜴会有如此非凡的技能呢？我们知道，器官是由细胞组成的，当蜥蜴断尾后，大量具有不同功能的细胞就会纷纷聚集到受伤部位，形成一种胚轴原的物质，这种物质不断变化，就会形成骨细胞、肌肉细胞、皮细胞等，最后在断尾处造出一条全新的尾巴。而这一切的指挥者都是暗藏于细胞中的基因。科学家发现，蜥蜴的断尾再生时，开启了至少326个与伤口愈合和尾部形成相关的基因，即“Wnt通路”

中的基因，该信号通路广泛存在于脊椎动物和无脊椎动物中，控制着胚胎发育、器官形成和组织再生等生理功能。断尾再生的过程中，这个通路中的基因就会联合起来，共同发挥作用，直至新尾出现。

除了蜥蜴外，许多动物也具有类似的再生行为，如一些鱼类、蝌蚪、蝾螈等，也能够再生自己的尾部。科学家在深入探究了动物的这种再生性后，也开始研究人类细胞中的相关基因，未来人们可能会再生出新的软骨、肌肉甚至脊髓，来治疗身体的各种疾病和缺陷。

8. 鸟类的飞羽

◎鸟类

人类利用仿生学，从其他物种身上获得灵感并进行模仿以制造新设备工具，飞机的制造就是从鸟类的翅膀、羽毛等处获得的启发。例如，飞机的“翼尖帆”是模仿了鹰类翅尖向上卷曲呈 90° 的羽毛，以减小空气漩涡，提高飞行效率；现代飞机飞行噪声比早期降低了不少，正是借鉴了猫头鹰静音飞行的秘密武器——锯齿状的翅膀羽毛和腿部绒毛结构。这些科学成就体现着人类对鸟儿自由翱翔蓝天的崇拜与学习。翅膀及飞羽是鸟类飞行能力的重要因素。为什么会飞行？赋予鸟类飞行能力的飞羽又是如何演化来的？作为躲过白垩纪末期物种灭绝灾难的鸟类，靠着飞行这一特殊技能，吸引了众多科学家对其演化奥秘进行不断的探索。

最初，鸟类祖先身上长出美丽的羽毛，并不是为了飞翔，可能只是源自吸引异性的需要，或是保暖作用。随着环境适应的需要，羽毛的功能发生了变化，鸟儿得以飞上天空。最初羽毛如同中空的软管，接着变成绒毛，后来才慢慢演变成现在我们看到的样子。在不断进化的过程中，基因控制了一系列特征的形成。科学家发现，对于种类丰富但具有共同的飞行特征的鸟类，它们体内含有相似的基因序列，被称为保守序列，即 ASHCE 序列，而这种特异性保守序列在性状的演化中起到了关键作用，它可能包含重要的基因调控功能。这种序列由于受到强烈的自然选择压力，在所有鸟类中很少发生变化，而在其他脊椎动物中 ASHCE 要么不存在，要么已发生了很大的变化。

为深入研究 ASHCE 在鸟类发育中的调控功能，科学家检测了 100 个 ASHCE 关联基因在胚胎发育中的表达模式，发现多个基因在鸟类胚胎发育过程中有着特异表达模式。其中最有意思的是 *SIM1* 基因，它只在鸡胚胎中表达，其表达时间、位置与飞羽的发育时间、位置相契合。飞羽是特化的羽毛，飞羽的出现是鸟类拥有飞翔能力的关键因素。科学家将 *SIM1* 关联的一个 ASHCE 序列结合绿色荧光蛋白转入小鼠胚胎中，转基因小鼠胚胎中的绿色荧光蛋白即呈现出与鸡胚胎中 *SIM1* 一致的表达模式，验证了 *SIM1* 关联 ASHCE 元件具有增强子功能。因此，科学家认为 *SIM1* 基因是控制飞羽形成的关键基因。而这个鸟类特有的性状正是因为鸟类祖先与其他恐龙分化后，在 *SIM1* 基因附近获得了一个关联 ASHCE 元件，促使了鸟类飞羽的形成，也使得鸟类获得了飞翔的功能。

为适应飞行，鸟类面临着强大的选择压力，因而只保留了很小的基因组，所以在演化过程中很少产生新的基因。但是通过对少数非编码元件的修改也使它们获得了许多其他物种所没有的特异性状，如鸟喙、中空质轻的骨头等。未来科学家还将从鸟类身上揭开更多的基因奥秘。

9. 老鼠的毛色变化

老鼠◎

大自然是一个神奇的百宝箱，变幻多端，气象万千，神奇的生物之间当然也会出现弱肉强食、优胜劣汰的现象。很多动物为了躲避敌人的捕杀，经常会通过各种方式来掩盖或者武装自己才得以逃脱，经过世代遗传，最终它们被大自然保留了下来。老鼠就是通过改变自身颜色来保护自己的，很长时间下来，躲过了被捕食至灭绝的命运。

生长在美国内布拉斯加沙丘上，被称为鹿鼠（deer mice）的鼠种，在发现自己身处的环境有所改变后，用了 8000 年时间，将自身毛发从浅黑色转变为金色。它们居住的环境在过去 1 万年间由于冰山融化，沙子遗留在深色的土壤上而发生了变化。对于鹿鼠而言，体表颜色不同就意味着生与死的差别。在接下来的 8000 年，它们进化出了新的伪装系统：更浅的毛色，其尾巴上的条纹和全身的色素水平均发生了改变，这使得它们能够与新栖息地相融合。颜色变浅意味着它们在沙丘地上不容易被发现，世代繁殖率大大提高，而深色老鼠则相反，因此这些鹿鼠群从黑毛老鼠变成了金毛老鼠。

动物毛发之所以有色泽，是因为体内含有色素，其中与毛色有关的是酪氨酸源性色素。而色素主要是由体内基因相互作用与环境因素共同形成的。为了探究鹿鼠毛色变化的原因，科学家发现了色变伴随着基因的明显改变，这种基因称为鼠灰色基因（*Agouti*），也称刺豚鼠信号蛋白基因，该基因通常编码鼠灰色蛋白，该蛋白会和黑色素细胞刺激素竞争黑素皮质素受体，黑色素细胞刺激素受体功能丢失时，黑素皮质素受体就会与鼠灰色信号蛋白结合，促使伪黑色素的形成，使皮毛表现为红色或者黄色。它能在很多动物体内发生多次突变。而这样的突变在鹿鼠体内共发生了 9 次，每次突变都会导致色素沉淀，经日积月累后最终形成金毛鹿鼠。

另外，老鼠体内还存在其他与毛色形成有关的基因，如形成野灰色和黄色的等位基因（*AVY*）。这些等位基因的行为同样被用来定义和描述老鼠毛色、可变的表现行为、表观遗传等。

除了老鼠外，在牛、山羊、马、猪、家犬、黑猫等很多哺乳动物体内均有灰色基因的存在，其中黑猫和马的灰色基因上都有碱基缺失的现象，这种缺失与其不同毛色的形成相关。灰色基因发生的突变除了会影响毛色外，还会干扰许多不同的生物学过程，如与肥胖、糖尿病和肿瘤易感性等也有一定的关系，因此也成为这些疾病的研究热点之一。

对老鼠的研究还鼓励了那些研究人类健康和疾病等表观遗传学领域的科学家，由于老鼠具有与人类类似的一些表型行为，如行为、记忆和学习等，因此科学家用老鼠作为动物模型并进行研究，动物克隆为我们提供了学习生殖健康、生殖细胞表观遗传修饰和表观基因组的基因与环境之间相互作用的机会，我们可以期待在不远的将来这一领域有很大的进展。

10. 北极熊的适应性突变

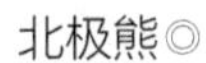

北极熊◎

很多大型动物园中都设有北极熊展馆供游人参观，可以看到北极熊的各种日常行为，它呆萌温顺，憨态可掬，深受小孩乃至大人们的喜爱，可以称得上是人类的好朋友。北极熊拥有白色皮毛，又名白熊，是世界上最大的陆地食肉动物。北极熊最主要的特征就是能在极寒冷环境下生存，它们住在北极点，而北极的水长期处于冰封状态，并且盐分过多，不宜饮用。因此，北极熊的主要水分来源为猎物的血液。在长期缺乏食物的情况下，它们往往会冬眠，这时北极熊转而由其自身皮下脂肪提取水和能量来保证生存，这对于其他多数动物而言是做不到的。

说起北极熊，人们能够联想到的大概就是棕熊了。其实，两者在体型、皮肤和皮毛颜色、皮毛类型等特征方面都不一样，并且属于两个不同的物种，在生活习性上也有明显区别：北极熊善于游泳，生活方式完全适应北极寒冷的气候，而棕熊则生活在山林、郊外、河谷等环境中。

同属于熊类，为什么北极熊能在极端恶劣环境中生存，而棕熊却不能呢？科学家为揭开这一谜底进行了大量的研究工作。通过比较北极熊与棕熊的基因组，发现北极熊是比以前认为的要更年轻的一个物种，由于生活环境的差异，北极熊与棕熊约 50 万年前发生了分歧。长期寒冷恶劣的条件驱动北极熊体内与血液中脂肪运输和脂肪酸代谢相关的基因发生了重大的改变，同时进化出了一套特有的身体功能，使它们获得了通过摄入高脂饮食生活在极低温度环境中的能力。其中最重要的基因之一就是载脂蛋白 B(apolipoprotein B，APOB) 基因，该基因编码一种低密度脂蛋白 (LDL)，在调节动物体内的脂质水平上起着重要作用，北极熊的这一基因发生了变异，这帮助它们除去血液中的低密度脂蛋白和甘油三酯，因此即使摄入高脂肪，也不会引起高血糖和高血脂等，而这些摄入的高脂食物经体内化学反应最终转化成热量来帮助北极熊御寒。

北极熊和棕熊的进化距离只有人和黑猩猩之间的十分之一。科学家推测，由于气候改变而发生的环境转变有可能促使棕熊向北扩大它们的生活范围。当这一温暖的时期结束、冰冷的时期到来时，一些棕熊可能被孤立，被迫快速地适应了新的环境。为适应北极当地环境，北极熊所拥有的独特适应性必须要在非常短的时间内进化完成。这些适应性变化除了皮毛由棕色变成白色、身体表面变得更加顺滑外，还包括巨大的生理和代谢变化。科学家找到了与北极熊毛色相关的色素基因 *LYST* 和 *AIM1*，它们控制着黑色素产生。这两个基因的突变导致其所编码的蛋白质发生变化，北极熊毛色随之变化。

据估计，全球有 20 000 ～ 25 000 只北极熊，由于栖息地北极海冰的快速消融，其数量不断下降。科学家对阿拉斯加地区夏季生活的北极熊进行了研究，发现它们无法适应海冰减少的环境。随着北纬地区的变暖，北极熊的远亲棕熊（灰棕熊）进一步北迁，其偶然与北极熊发生异种交配，产生灰北极熊。全球气温的升高导致北极熊昔日的家园遭到一定程度的破坏，因此人类必须提高保护意识，尽自己最大的努力去保护我们赖以生存的环境，为大自然中的生物营造美好家园。

11.

长颈鹿谜一样的进化

长颈鹿◎

长颈鹿算是地球上现存身高最高的哺乳动物了，站立时可达 6 ～ 8m，脖子可长达 2m。长长的脖子既是它的标志，也给它带来了生存挑战。当它低头喝水并再次抬起头时，需要相当于人类 2.5 倍的血压，才能将胸部的血液泵到往上 2m 高的大脑中，否则就会出现头晕。为了解决这一难题，长颈鹿的心脏进化出了一套非常强健的泵浦机制，形成了一套“涡轮增压器”，同时还在脖子处形成了特殊的“安全阀”，只有需要增压时才增压。此外，为了保持平衡和每小时 60km 的奔跑速度，长颈鹿除了有强劲的心脏外，血管壁变得弹性十足，还分布着极广的毛细血管，这些结构将血液约束在血管内部，不至于渗入周围的组织。同时为了防止血液在长腿末端的足部淤积，长颈鹿也演化出了特别的结构，它类似于人类在手术后使用的或者在长途飞行中防止深静脉血栓的弹力袜。

科学家一直对长颈鹿的进化充满兴趣，直到 1901 年英国探险家发现了霍加狓——长颈鹿的近亲，才为研究创造了条件。科学家研究发现，霍加狓可能是中型食草动物向长颈鹿进化的中间产物，长颈鹿于大约 1150 万年前从远古的霍加狓进化而来。虽然霍加狓有着与长颈鹿很像的短角和长舌头，但身高一般不足 2m，没有长长的脖子。长颈鹿拥有倾斜的背脊、修长的四肢和相对短小的躯干部分，但是霍加狓没有这些特征。为了弄清楚长颈鹿与霍加狓之间的基因

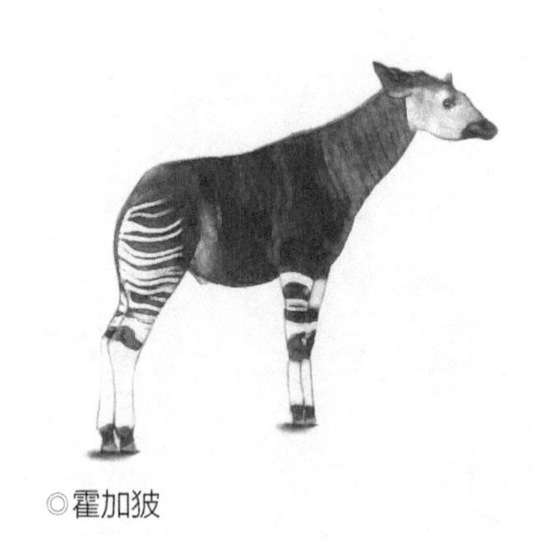
◎霍加狓

差异，科学家对长颈鹿和霍加狓进行了全基因组测序和比对，在长颈鹿的基因组中发现了70个独特或差别较大的基因，这些基因大部分与生理机能的进化有关，特别是骨骼系统和心血管系统，正是这些基因决定了长颈鹿独特的外形。就其中的4个基因（*HOXB3*、*CDX4*、*NOTO* 和 *HOXB13*）举例来说，它们与长颈鹿的脊椎和腿部发育密切相关，在其他哺乳动物中也存在类似基因，对动物的器官发生和细胞分化调控起关键作用，但长颈鹿体内的 *HOXB3*、*CDX4*、*NOTO* 基因与其他哺乳亚纲动物差别较大，而 *HOXB13* 在长颈鹿和霍加狓体内的表达明显高于其他哺乳动物。

美国宾夕法尼亚州立大学的生物学家讲道：这些基因哪怕只发生小小的变化，也足以改变长颈鹿的适应能力，如拥有长脖子和涡轮增压式的心血管系统。正是这些肉眼看不到的基因改变着大千世界的生命体，使它们形成形态各异、丰富多彩的生物体。

12. 特殊基因变异带来美驹白马

◎白马

马是一种利用价值兼观赏价值并存的动物，高挑的身材，华丽干净的被毛，使其在动物界中显得格外出众。马的品种颇多，全世界约有 200 种，颜色也特别丰富，常见的有棕色、褐色、白色等，其中白马因颜色洁白，形体优美，深得人们的喜爱，并且往往被认为是一种尊贵的象征，关于白马的神话和传说也非常多。

白马在大约 1 万年前就被人类发现。也许有人认为，它和其他颜色的马种一样，毛色都是天然形成的。其实不然，白马在马界属于变异品种，最初的马毛色并不是这样的。生物学上，毛色表现型与机体色素的形成密切相关。毛干的色素是由附着在毛囊中真皮乳头和邻近的角质细胞上的黑色素细胞产生的，角质细胞从黑色素细胞中吸取色素并着色于生长着的毛干，从而使被毛形成各种颜色，而这些色素的形成都是由于基因调控的作用。白马恰好就是一个典型的例子。由于正常毛色（棕色、褐色或黑色）的马体内出现了变异基因，促使马“华发早生”，这样变异的概率大约是十分之一。起初，科学家将这种变异基因称为“随年龄增长变灰”基因。携带这种基因的马在出生时，毛色尚未显白，而是呈棕色、褐色或黑色。随着年龄增长，体内变异基因导致马毛发中的黑色素细胞在动物早年就“罢工”，黑色素无法产生，促使毛色逐渐变白。

近年来，科学家对马毛色变异的研究越来越多，基因层面的分析也更加具体清晰。国际上，马的典型被毛褪色表型被分为 4 种类型：显性白、Roan（皮肤和被毛为黑白相间的被毛马毛色类型，主要特征是头和四肢均为黑色）、Sabino（皮肤和被毛为黑白相间的被毛马毛色类型，主要特征是四肢、腹部和面部有不规则的斑点）和 Tobiano（拥有白色斑点的毛色，主要特征是耳朵和尾部均有向下延伸的白色被毛，躯干部有圆形白斑，膝关节和跗关节以下为白色），这些类型都是由被毛和皮肤的部分或完全褪色而形成的。研究发现，这些褪色表型均与马的肥大 / 干细胞生长因子受体基因（*kit*）独立相关。该基因属于免疫球蛋白家族，可控制动物体内色素的生成、造血及配子发育等生理活动。正常情况下，*kit* 基因表达就会产生黑色素细胞，紧接着黑色素细胞被黑色素颗粒填满，毛色表现为有色；倘若 *kit* 基因发生突变，黑色素细胞则不能正常形成，或者根本不能形成，这时毛囊缺失黑色素细胞和黑色素颗粒，毛色表现为有色和白色相间或者纯白色。

导致不同马种被毛褪色表型的*kit*基因有13种突变。这些突变形成的马的颜色都各不相同，有时是全显白色被毛，有时是杂色被毛，不同层次的显白性与*kit*基因表达的多少相关。马的*kit*基因在其他动物的色素调控上同样扮演着重要角色。毛色作为鉴别马匹品种和个体的重要依据，能为马匹的档案管理提供宝贵的参考，在疾病诊断和治疗（如黑色素肿瘤等）方面也能提供很好的依据。希望随着马毛色形成的分子机制的全部揭开，今后马匹育种的研究将更加广泛和深入。

当然，*kit*基因是与毛色相关的主要基因，控制毛色形成的不止这一个基因，可能还会有其他更多的因素，包括环境的影响。

13. 从性情暴躁的野猫到温顺可人的家猫

◎猫

现如今，很多人将猫作为宠物来进行喂养，如同狗一样，猫也成为人类的好朋友。猫呆萌可爱，性格温顺，爱干净，深得人们的喜爱。现在的家猫并非一直是温顺、亲近的，它们都是由最初性情暴躁的野猫经驯化而来的，这种驯化发生在大约10 000年前，那时候人类开始了农耕时代，粮食逐渐富足，因此也出现了粮食浪费，这些食物吸引了拾荒者（诸如野猫等动物），对人类亲近的野猫逐渐在这种“寄生”环境中获得优势，于是它们的基因逐渐得到加强，从而变得不惧怕人类。家猫驯化过程中个体的遗传差异会影响一些行为，这也是为什么不同品种的猫性格和行为迥异的一个原因。如果将某些行为在驯化的品种中进行比较，就会发现不同品种的猫行为的差异比我们想象中要大得多，如使用猫砂盆。家猫的洁癖行为也是从野生祖先继承而来的。

那么，为什么家猫和野猫之间会有这么大的差别？通过比较，科学家发现家猫体内基因组较野猫发生了快速变化，主要表现在与记忆、条件刺激、学习、奖赏等有关的基因上面。另外，家猫还表现出了用来解释猫科动物其他生物特性的遗传变异，这包括参与听觉和视觉灵敏度增加的基因、脂代谢的基因，增强猫科动物感受信息素能力的犁鼻受体的功能基因组。野猫从野性变温顺的过程中，有 13 个基因，包括对恐惧反应和学习新行为的能力相关的基因被选择下来，也许正是这些基因使猫不那么害怕新的环境和人类，慢慢适应了与人类相处，并且对人类的喂食行为做出有效的反馈效应。这 13 个基因包括与支链脂肪酸合成有关的 *ACOX2* 基因，与嗅觉有关的 *Or*、*V1r* 基因，与大脑对恐惧条件反射有关的 *PCDHA1* 和 *PCDHB4* 基因，与谷氨酸盐受体结合相关的 *GRIA1*、*GRIA2* 和 *NPFFR2* 基因，编码轴突生长诱导因子的 *DCC* 基因，决定神经嵴细胞生存的 *ARID3B*、*PLEKHH1* 基因，以及与神经细胞产生差异性相关的 *MYO10*、*MYC* 基因。这些基因分别控制着各种动作和行为的产生，使猫产生相应的表型。

作为宠物，家猫的进化更像是自我驯化，或者是一种和人类的共生关系。它们不像狗或者牛羊一样是受到人工选择的影响，按照人类的期望去发展进化，而是自主选择最后被人类所接受，因此，我们很难根据现在的行为去推测它们祖先的行为。大多数的野猫还是跟现在的家猫一样，在没有受到严重惊扰的情况下不会惧怕人类，所以，起初一些野猫选择在人类的房子附近活动，甚至安家，久而久之，和人类的关系变得亲密起来，慢慢地成为宠物被人类带进房子里面，与人类共同生活。倘若 10 000 年前人类从一开始就将它们驱逐出了领地，也许就不会有今天的家猫了。

14. 小型猪成为新宠物

◎小型猪

猪一般体肥肢短，形态憨厚，肉质嫩滑，常常作为人们食肉对象的不二之选。不过，只用来食肉好像有些浪费，猪也是可以转型的。随着养宠物的人越来越多，宠物的种类也越来越多、越来越另类。猪，也成了宠物界的新成员。但是，将农场饲养的猪直接作为宠物太糟糕，因为它们体型大、胃口好，而且身体不容易被打理。相反，近年来小型猪或迷你猪作为新宠被不少人喂养，已经成为一种时尚新潮。可以说，人类的这种需求方式改变了猪的命运。

早在 1949 年，国外就开始培育与生物医学研究相适应的小型猪，先后出现了许多小型猪品系和品种，如美国的明尼苏达小型猪、尤坦卡小型猪，德国的哥廷根小型猪等。而我国的小型猪大多是香猪，香猪是在贵州地区特定的生态条件下，经自然选择和人工选择形成的，还有五指山猪、版纳小耳猪等小型猪资源。它们个头矮小，身体滚圆，生长缓慢，花色漂亮，并且具有较强的抗逆性和适应性，世代能够稳定遗传。除了作为宠物外，还被广泛应用于医学模型、植皮等生物医学的研究。

小型猪到底是怎样形成的呢？原来，这与身体内的基因有关。科学家发现，小型猪与正常体型的猪体内某些基因之间存在一定的差异。其中垂体特异性转录因子（pituitary specific transcription factor 1，PIT-1）基因是最重要的基因之一。正常体型猪的垂体特异性转录因子基因上的第四、第五个内含子的碱基为 G，而在香猪中的碱基均变为 A，且由 G 到 A 的突变可以经父母传给子代，这种突变对基因本身的生物学作用造成了影响，能够使猪体型保持在娇小状态。垂体特异性转录因子基因不仅是哺乳动物垂体发育和激素表达中的重要控制因素，还在哺乳动物的垂体前叶腺中参与激活生长激素基因、促甲状腺基因的表达，进而调节动物的生长发育。生长激素基因和促甲状腺基因是控制生长激素分泌水平、调节动物生长发育的主效基因，在动物生长中起着重要的作用。它们结构的变异会影响到其蛋白质结构的功能，从而使动物的生长受到抑制、发育受到阻碍，猪的矮小性状与生长激素基因、促甲状腺基因的结构变化有着密切关系。

当然，除了小型猪外，小型鼠、小型羊、小型牛等动物中均存在垂体特异性转录因子基因，人们可以通过改造这个基因来获得更多的小型动物，或用来观赏，或当宠物。另外，人类侏儒症与垂体特异性转录因子基因有关，它的突变可直接导致侏儒症的发生，并且有多种突变类型，每一种突变类型都会形成不同程度的侏儒症，然而我们并不希望它出现在人类身体中。

15.

染色体重组诞生的新物种

骡子（上）和狮虎兽（下）◎

自然界的物种丰富多彩，但是每一个物种都有自己独特的特性，都有一套机制保持遗传稳定性，使种族的特性稳定地传递给后代。

物种间的杂交是形成新物种的重要途径，特别是人类掌握了人工驯化、杂交育种等技术后，培育新物种的效率有了很大提高。骡子、狮虎兽等的诞生就是典型案例。

骡子是马和驴的杂交种。理论上，骡子既可以是公驴和母马杂交产生，又可以是母驴和公马杂交产生，但是因为公驴和母马的基因更容易结合，所以大部分骡子都是这种杂交类型。马和驴的亲缘关系比较近，又都是人类已经驯化和饲养的动物，性情温顺，饲养的环境类似，因此将它们圈养在一起时，马和驴可以发生交配，产下骡子。现在我们从遗传学角度来看三者之间发生了什么变化。马有 32 对染色体，而驴有 31 对。骡子从驴那里继承了 31 条染色体，从马那里继承了 32 条染色体，因此一共继承了 63 条染色体，当然也可以根据染色体的特点，勉强将其分成 31 对，但仍有 1 条染色体是孤单的。骡子繁殖时会将 63 条染色体随机地分配给两个卵子，如果恰好将 31 条来自驴的染色体或者 32 条来自马的染色体分配在一起，那么就能产生正常生长的后代，显然这样的概率是相当低的。当然实际情况不需这样极端，只要一个卵子中含有一套功能上完整的染色体组合就可以产生，如驴的染色体编号为 m1、m2、m3……m31，而马的染色体编号为 h1、h2、h3……h32，只要在卵子中不同时出现 m1h1 这样相同编号的组合即可。即使降低了要求，这样的概率也是十分低的，因此骡子的生育能力很弱。但因为马和驴的染色体发生了重组，骡子也继承了双方的一些优点，它既具有驴的负重能力和抵抗能力，又具有马的灵活性和奔跑能力，寿命增长，是非常好的役畜。

虎和狮子同属猫科动物，都有 19 对染色体，但它们的亲缘关系较远，在自然界中都是自由存活的动物，各有自己的领地，几乎不可能发生交配。但是长期生活在动物园的虎和狮子，却偶尔能成功交配，诞下后代。雄狮和雌虎交配所生后代称为狮虎兽，体型上比父母都大。雌狮和雄虎交配所生后代称为虎狮兽，体型会比父母都小。原因是只有雌狮和雄虎能把控制生长的遗传基因传给后代，而狮虎兽缺少了这些基因，所以生长不受控制，从出生起就会不断生长，直至它的身体不能承受为止。而虎狮兽中有双倍的控制生长的基因，因此生长受到较大限制，导致个体较小。狮虎兽和虎狮兽都有 38 条染色体，其中各有 19 条分别来自狮子和老虎，但是这些染色体没有同源性，不能匹配成对，所以狮虎兽和虎狮兽几乎不能生育，而且个体寿命较短，据资料显示，世界上存活的狮虎兽只有 30 只左右。

16. 控制豌豆种子性状的基因开关

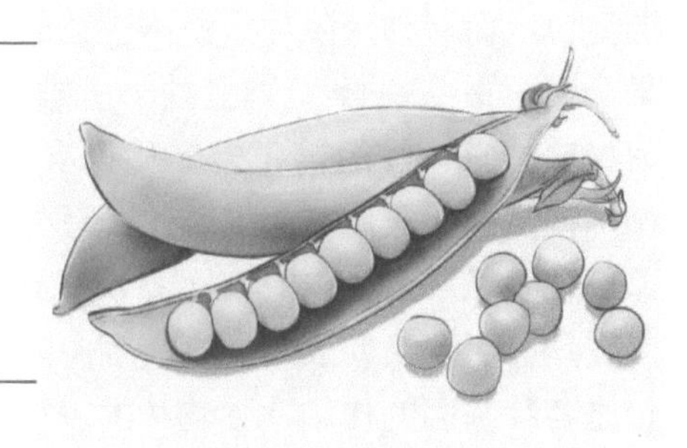

豌豆◎

100 多年前，孟德尔选用严格自花授粉的植物豌豆作试验材料并进行杂交试验，通过分析豌豆 7 对性状的遗传规律，最终提出了分离定律和自由组合定律，奠定了经典遗传学的基础。孟德尔最先研究的性状是成熟豌豆种子的圆形和皱缩，随后一代又一代的遗传学家试图弄清楚豌豆种子性状遗传的分子机制。1990 年，美国科学家成功克隆了豌豆控制皱粒和圆粒的基因，并在分子水平上研究了皱皮形成的机制，这些研究结果无疑标志着遗传学发展进入了一个崭新阶段，也标志着人们对生命活动的本质现象——遗传与变异的认识进入了更深层次。

在豌豆种子胚和胚乳的发育过程中，胚乳被子叶吸收，营养物质就储藏在子叶中，因此成熟的种子中无胚乳。豌豆的种皮是由几层细胞构成的柔软革质的薄膜，它的形状取决于子叶的形状。当子叶表面光滑时，种皮则呈现圆滑，种子就是圆粒；当子叶表面皱缩时，种皮则呈现皱缩，种子就是皱粒。

在孟德尔研究中已经发现，豌豆子叶形状由一对等位基因 *R*、*r* 决定，其中 *RR* 和 *Rr* 型豌豆是圆满的，而 *rr* 型豌豆是皱缩的。20 世纪 80 年代的研究发现，控制豌豆子叶形状的基因会影响豌豆的淀粉代谢，*RR* 和 *Rr* 型豌豆种子淀粉粒多，大且单一，而 *rr* 型种子中淀粉合成过程受到阻碍，淀粉合成减少，导致蔗糖含量升高，渗透压增高，因而在胚胎早期发育过程中，种子吸水膨胀，干燥时种子收缩，于是产生了皱缩的表型。

那么究竟什么原因导致 *rr* 型种子淀粉合成减少？随着科学家的深入研究发现，淀粉分支酶 1(SBE1) 是催化直链淀粉变为支链淀粉的关键酶。在 *rr* 型种子中，SBE1 活力丧失，直链淀粉不能转化为支链淀粉，而这种受阻导致游离蔗糖的积累增加，渗透压增高，水分含量升高，最终使 *rr* 型豌豆种子呈皱缩状。而在 *RR* 型豌豆中 SBE1 活力极强，直链淀粉能正常转化为支链淀粉。因此，*SBE1* 基因就是孟德尔推测的“皱皮基因”。除豌豆外，在其他物种中也会出现皱粒现象。例如，玉米中 *sh1*、*bt2*、*ae*、*du*、*su*、*opaque1*、*opaque2* 等基因突变均会引起皱粒表型，在大麦中高赖氨酸突变也会产生皱粒表型。正是各种基因的作用才使物种的表型参差不齐，变化多样。

17. 红薯是最古老的天然转基因植物

◎红薯

你可能未想到，第一个转基因植物既不是在大公司生产的，又不是科学家设计的，而是 8000 多年前在自然条件下产生的。这些作物包括食用历史悠久、深受大众喜欢的红薯。

红薯实际上是植物的“根”块，由根部膨胀而来，是因一种称为农杆菌的细菌侵染了根部组织导致的。农杆菌是一类普遍存在于土壤中的革兰氏阴性细菌，它能够侵染植物的受伤部位，将它的基因植入这些被侵染细胞的基因组中，使其为它的生存繁衍提供条件，从而导致植物局部组织膨大。目前的研究发现农杆菌可侵染超过 140 种植物。因此人类开始食用红薯之前，农杆菌就已经把它的基因插入远古红薯品种的基因组中了。而远古红薯品种的根部并不像现在食用的红薯品种这么庞大，当我们的祖先偶尔食用并喜爱这种食物时，就会选择产量高且口感好的品种种植繁育，通过一代代人为的选择，红薯就发展成现在的模样。

国际马铃薯研究中心的科学家在对来自美国、印度尼西亚、中国、南美洲、非洲等地的 291 个红薯品种进行研究后发现，所有的红薯品种都含有农杆菌的基因，其中 *IbT-DNA1* 在所有检测的红薯品种中都存在，并且后代中不会出现基因分离现象；而 *IbT-DNA2* 只存在于部分检测的红薯品种。

红薯和农杆菌之间的基因交流，生物学家称为基因水平转移。细菌中的基因水平转移现象非常普遍，但越来越多的研究证据表明这种现象可以发生在细菌和真核生物之间，如真菌的类胡萝卜素生物合成基因可以转移到蚜虫中，使蚜虫呈红色或绿色；基因从角苔类植物转移到蕨类植物中，产生了感光体蕨类。另外，科学家在马铃薯中也找到了农杆菌和其他细菌的 DNA，它们在马铃薯中至少发生了两次基因转移。这些现象都证明，植物的转基因可以自然发生。实际上，人工转基因的发展正是由于观察到农杆菌的这种特性，才被科学家利用并进行植物转基因的研究。通过农杆菌浸染进行基因转化已经成为当前植物分子生物学研究不可或缺的基本实验手段，科学研究正是将自然的一次偶然转变为人工设计下的一次必然。

18. 彩色马铃薯的奥秘

彩色马铃薯◎

马铃薯俗称土豆，是世界第四大粮食作物，产量仅次于小麦、水稻和玉米，常见的马铃薯都是浅黄色的，但马铃薯还有许多其他颜色，包括红色、紫色、白色等。这些“彩色土豆”都是由合成的花青素不同导致的。

花青素又称花色素，是植物中广泛存在的天然色素，目前发现的花青素已超过 300 种。由于花青素种类或结构不同、浓度不同，以及植物细胞液中 pH 等条件的不同，而赋予了水果、蔬菜、花卉等五彩缤纷的颜色，如细胞液呈酸性时，花青素显色偏红；而细胞液呈碱性时，花青素显色偏蓝。花青素是一类天然的抗氧化物，除了具有强大的抗氧化功能外，还具有增强机体的免疫力、延缓衰老、改善视力等多种生物功效。

马铃薯中的花青素与各种单糖通过糖苷键结合，以花色素苷的形式存在。科学家对马铃薯颜色形成的遗传机制很感兴趣，并做了大量的研究，但是由于遗传机制复杂，还没有形成统一结论，不过已经有几个研究结果获得了研究者的共同认可。大多数马铃薯栽培种中的花青素合成受单基因的调控，即 *I*、*P* 和 *R* 三个基因共同调控马铃薯白、紫、红三种颜色。*I* 基因是花青素在块茎皮中的组织专一性表达所必需的，如果缺乏 *I* 功能等位基因，马铃薯表现出白色，即只有 *II*、*Ii* 基因型才能产生有色的花青素，而 *ii* 基因型马铃薯是白色的。*P* 基因负责调控马铃薯紫色花青素的产生，*R* 基因负责调控马铃薯红色花青素的产生，而且 *P* 对于 *R* 具有上位性，即当有基因 *P* 存在时，无论控制红色的基因是 *R* 还是 *r*，都表现为紫色。科学家通过研究，将 *I*、*P* 和 *R* 三个等位基因分别定位于马铃薯第 10、第 11、第 2 号染色体上。综合上面的研究结果，紫色马铃薯的基因型包括 *II-PP-RR*、*II-PP-Rr*、*II-PP-rr*、*II-Pp-RR*、*II-Pp-Rr*、*II-Pp-rr*、*Ii-PP-RR*、*Ii-PP-Rr*、*Ii-PP-rr*、*Ii-Pp-RR*、*Ii-Pp-Rr*、*Ii-Pp-rr*；红色马铃薯的基因型包括 *II-pp-RR*、*II-pp-Rr*、*Ii-pp-RR*、*Ii-pp-Rr*；而白色马铃薯的基因型中含有一对 *ii* 基因，与 *P* 和 *R* 的基因型无关。

植物世界绚丽多彩，花青素对颜色的显现有重要影响，不同植物中花青素形成的遗传机制各有不同，还有许多未知的领域等待科学家开启和研究。

19. 番茄的驯化来自基因定向选择

番茄◎

番茄味道独特，营养丰富，是全球栽培最广泛的果蔬之一。番茄起源于南美洲的秘鲁和墨西哥地区。早期的番茄是一种生长在森林中的野生浆果，因为色彩娇艳，当地人把它当作有毒的果子，无人敢食。墨西哥较早驯化并栽培番茄，之后番茄传入西班牙、葡萄牙，再到中欧和亚洲国家，被全球各地的农民种植。

番茄品种繁多，包括细叶番茄、大叶番茄、梨形番茄、直立番茄、樱桃番茄等众多品种。现在栽培的大果实番茄是由樱桃番茄的祖先品种选育而来的。樱桃番茄，也称圣女果、小西红柿，果实直径为 1 ～ 3cm，有红、黄、绿等颜色，单果重一般为 10 ～ 30g。而现代栽种的大果实番茄，在质量、颜色、形状等方面发生了显著变化，尤其在单果重方面是其祖先的 100 多倍。

科学家通过研究揭示了番茄的进化历史，现在栽培的大果实番茄经历了两次大的进化过程：一次是从野生醋栗番茄驯化成栽培的樱桃番茄，一次是从樱桃番茄逐渐培育成大果实栽培番茄。在这两个过程中分别有 5 个和 13 个果实质量基因受到人类的定向选择。在驯化过程中，*fw1.1*、*fw2.2*、*fw5.2*、*fw7.2* 和 *fw12.1* 这 5 个基因发生了变化，起到了增大番茄果实的作用。进一步的研究发现，*fw2.2* 基因控制番茄心皮的细胞数量，从根本上影响着番茄果实质量和大小的进化。在第二轮进化过程中，*fw2.1*、*fw2.3*、*fw3.1*、*fw3.2*、*fw6.2*、*lcn2.1*、*lcn2.2*、*fw9.1*、*fw9.2*、*fw9.3*、*fw11.1*、*fw11.2*、*fw11.3* 这 13 个基因的变化，起到了增大果实的作用。但这些基因属于数量基因，基因变化引起的效果具有叠加作用等。

研究人员对番茄基因组进行数量性状分析，发现上述两个阶段的番茄基因组序列有 21% 重叠，推测重叠区域内的基因可能经历了两轮选择，进一步增大了果实，并改良了其他一些农艺性状。对比不同番茄群体的基因组差异，发现第 5 号染色体是决定鲜食番茄和加工番茄（主要用于生产番茄酱）差异的主要区域，此区域含有多个控制番茄可溶性固形物和果实硬度的基因，正是这些基因影响了加工番茄的特征。

此外，科学家还发现了决定粉果番茄果皮颜色的关键变异位点，该位点的变异导致了相关基因的缺失，从而造成成熟的粉果番茄果皮中不能积累类黄酮。我国北方消费者偏好粉果番茄，这一发现为培育粉果番茄品种提供了有效的分子育种工具。

小知识

看到这里，大家是不是才恍然大悟，原来我们现在吃的圣女果（小番茄）就是大番茄的祖先，奇妙的是，它们居然还同时存在于人类现代生活中。起初的时候，由于人工选择更侧重于物种产量的提高，番茄的产量当然也备受人们关注，因此市面上出售的番茄大都以大番茄为主，主要用来当作蔬菜。后来，随着人们生活质量的提高，选择的多样化，小番茄逐渐涌现出来，它不但口感良好，而且方便食用，作为蔬菜的同时，还可以当作水果、零食来食用，并且大番茄、小番茄丝毫没有影响到对方在市场中的地位，均深得人们的喜爱。可以说，从大番茄到小番茄完成了一次从蔬菜向水果的飞跃。

20. 品种繁多的芸薹属植物

◎芸薹属

说到芸薹属植物，大家可能会一头雾水，但提到白菜和甘蓝，就会恍然大悟，这不就是平日里最常食用的蔬菜嘛！白菜，通常指大白菜，包括结球和不结球两大类群，结球白菜统称北京白菜、大白菜，叶浅绿色，有皱，叶球抱合紧密；不结球白菜又称小白菜，叶光泽，深绿色，叶柄厚，白色，不形成叶球，黄色的菜心很受欢迎。小白菜又分为薹菜、菜心、白菜型油菜。而甘蓝类常见的蔬菜包括结球甘蓝、羽衣甘蓝、抱子甘蓝、苤蓝、芥蓝、花椰菜、青花菜等。白菜和甘蓝不但品种繁多，而且口味独特，味美鲜嫩，能与许多食物搭配食用，给人们带来视觉和味觉的双重享受，也使餐桌变得丰富多彩。这些芸薹属植物为什么会这么千变万化呢？

白菜和甘蓝都是经过自然变异与人工选择而形成的种类，其中白菜是 500 年前在中国驯化形成的蔬菜，它起源于小白菜和芜菁杂交的后代，是最早被驯化的芸薹属白菜种作物，具有丰富的遗传变异史。各种白菜品种的演化过程是：先有不结球的散叶类型，到半结球品类型，再到结球类型。甘蓝是大约同一时期被欧洲人驯化形成的蔬菜，起源于欧洲，均由野生型非结球甘蓝演化而来，通过自然选择和人工选择才产生了多种甘蓝变异类型或变种。虽然属于不同类型，但白菜和甘蓝也可以通过自然种间杂交，再双倍化进化形成甘蓝型油菜，与亲本相比，甘蓝型油菜更加高产，抗逆性也大大提高。

芸薹属为什么能形成这么多类型的品种，而且形成叶球这样非常相似的性状？究其根本，是因为其染色体倍数发生了很多变化。芸薹属的祖先是一个具有 7 条染色体的二倍体，1100 万年前，这一祖先发生了一次基因组三倍化复制事件，导致出现一个具有 42 条染色体的古六倍体物种，随后该六倍体物种的基因组发生了广泛的二倍体化，有时一条染色体区域转移到另一条染色体上，有时某个区域会丢失甚至整条染色体消失。这次三倍化事件形成了芸薹属基因组的三套亚基因组，最终六倍体又回归成二倍体的“模样”，形成了现在的芸薹属二倍体物种分类格局。

在这种进化过程中，植物激素信号转导相关基因及叶片背性和腹性两类不同极性形成的基因密切参与了叶球的形成，在结球大白菜和甘蓝中，分别有 19 个和 16 个参与叶球形成的关键基因位点，只有当这些基因大多数为结球基因型时才能形成叶球，叶片背面和腹面是分别由决定背性和腹性两类不同极性的基因控制的，这两个基因也参与了叶球的形成。这样，就形成了今天我们所看到的各种形状的白菜和甘蓝。

21. 水稻的起源与驯化

◎水稻

中国古代有神农氏尝百草、得嘉禾、试种五谷的传说，五谷就是包括稻谷在内的粮食作物，经过反复栽培，谷物越种越多，成为华夏大地人们主要的食物来源。当然，这只是传说，水稻等谷物的进化经历了很多变异和变迁，我们现在种植的水稻，是我们的祖先在几千年以前从野生稻驯化而来的人工栽培稻。

作为重要的粮食作物之一，水稻和小麦、玉米共同构成世界三大粮食作物，它供养着世界上超过三分之一的人口。在我国及其他很多亚洲国家，水稻是关乎国家民生大计的重要命脉。水稻原产于中国，拥有7000多年的栽培历史。7000年前，我国长江流域就开始种植水稻了。人类食用部分为颖果，俗称大米。在20世纪晚期，世界水稻的种植面积达1.45亿hm^2，95%为人类所食用，而在我国水稻种植面积约占世界水稻种植面积的1/4。由此可见，水稻在人类生存和生活中有着不可或缺的作用。栽培水稻包括2种：亚洲栽培稻和非洲栽培稻，因分布范围而得名，亚洲栽培稻的种植面积大，遍布全球各稻区；

而非洲栽培稻的分布范围很小，所以将亚洲栽培稻称为普通栽培稻，我们平时所食用的都是亚洲栽培稻。

论起水稻的起源和进化，要从禾本科开始说起。禾本科植物在物种形成和进化过程中都会经历体内全基因组复制这一重要事件。禾本科植物的祖先是一个基因组内包含5条染色体的物种，在进化过程中经基因组复制产生10条染色体，然后染色体再经历2次置换和融合形成12条中间态染色体，在这12条中间态染色体的基础上逐渐分化出水稻、小麦、玉米和高粱的基因组，其中水稻基因组保留了原有的12条中间态染色体，而小麦、玉米和高粱均发生了染色体丢失和融合才形成了现有的基因组。可谓是基因组加倍，再经历二倍体化，才进化成当代的二倍体物种。水稻基因组至少经历了2次全基因组复制过程，并从最初5条染色体形成了12条染色体。随着人类从狩猎与采集的生存模式转向原始农业，驯化产生了，那些果实大、易于存活和收获的食物更受人们的喜爱，野生稻的种子顶端具有长芒，芒表面布满芒刺，收集很不方便，对野生稻的驯化就向少短芒或者无芒、芒表面光滑，以及便于收获、储藏和加工的方向进行，不断选择下获得了栽培稻而淘汰野生稻，逐渐地，栽培稻代替了野生稻。从长、刺芒到短、光芒的进化，是水稻驯化过程中的一次重要转变，而引起这个关键转变的原因就是体内基因的调控作用。在野生稻中，*LABA1*基因控制着稻长、刺芒，相反栽培稻中*LABA*基因发生了移码突变，其基因功能被破坏，阻碍了芒原基的伸长和芒刺的形成，最终导致短、光芒的产生。

其实，人类在将野生稻驯化为栽培稻时，由于目标更加关注在口感品质、易栽培、成熟期短、方便收割等基因的筛选保留，驯化中丢掉了很多优良基因，如抗病虫、杂草、抗旱、抗寒、高效营养等。因此，现如今人们也正在利用栽培稻与野生稻进行杂交，使得那些被淘汰的基因重新回归栽培水稻中，获得高产高抗优质的杂交水稻。

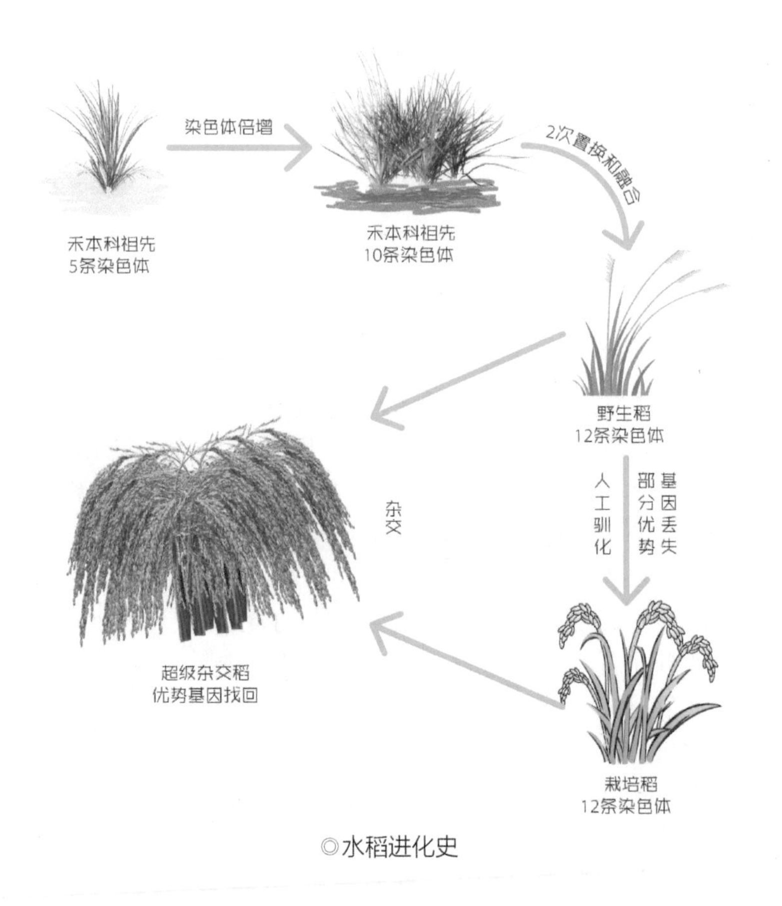

◎水稻进化史

22. 矮化基因带来农业生产的“绿色革命”

◎矮秆小麦

历史上，人类主要依靠扩大耕地面积来满足日益增长的粮食需求。当肥沃的土地越来越少，进一步扩大耕地面积就意味着要把贫瘠的土地变成耕地，这显然是很难实现的。当时的种植业处在低谷时期，粮食作物容易遭受自然灾害的侵袭，抗倒伏能力差，经常可以看到大片的庄稼被风雨吹打而夭折，造成产量极低，农业状况很不景气，并且面对日益增长的人口压力，人们的吃饭问题受到严峻考验。

20 世纪初，西方国家大规模投资农业科学研究，导致农业产量跨越性的突破。现代化种植模式及农业科学技术的发展、化肥和农药的使用加速了提高产量的进程。科学家发现，矮秆小麦比正常小麦茎短，且较粗，具有抗倒伏的先天优势，而且穗大高产，在对它们深入研究后，科学家找到了导致其矮生性的根本原因，即基因的矮化性。20 世纪 50 年代末，人们开始应用矮化基因，这给农业生产带来了第一次“绿色革命”。这次“绿色革命”的主要目标就是把水稻的高秆变矮秆。很多国家开始利用“矮化基因”来培育和推广矮秆、抗倒伏的高产水稻、小麦、玉米等新品种，将具有矮化基因的品种和抗病品种进行杂交，获得了很多矮秆作物。很多国家获得了稳定的食物供应，消除了饥饿的威胁，大大缓解了世界粮食危机。杂交水稻就是第一次“绿色革命”时期的杰出代表。

在水稻中发现的矮化基因 100 多个，其中具有代表性的便是 *sd1* 基因，该基因通过抑制赤霉素的合成来抑制水稻节间的伸长，并且可促进穗数、结实率的提高，从而使矮秆类型的产量高于高秆类型。多数水稻的株高都是由 1 ～ 3 对矮秆主效基因控制的。在发现了这些矮化基因之后，科学家就将它们与其他品种的水稻杂交，来获取其他优良性状。

除了水稻的矮化基因外，小麦中控制矮秆性状的基因为 *Rth* 基因家族，并且这个家族的相关基因已达 33 个，研究最广的包括 *Rth1*、*Rth2*、*Rth3*、*Rth8*、*Rth10* 等。

一般矮化植物株型紧凑，抗倒伏，在生产上便于管理，丰产性好，不仅仅在大田作物中进行，在果树牧草中也有研究。因此，矮化育种成为植物育种的一个发展趋势。

23. 染色体组加倍造就小麦的进化

◎小麦

小麦是世界上最早的栽培作物之一，也是三大谷物之一，起源于中东新月沃土（Levant）地区，在人类文明和文化发展进程中起着决定性作用，迄今仍是世界上大多数国家的基本粮食作物，并且是保证全球“粮食安全”的基础，是我国最重要的口粮之一。小麦在地球上分布广泛，遍及世界各洲，种植面积达 2 亿 hm^2。人们常说的“麦”就是小麦，当然还有其他麦类，如大麦、燕麦。除了具有极高的营养价值和工业价值外，小麦苗、麦芽、麦麸、麦籽还可入药。早在 1700 年前，我国医圣张仲景就创立了“甘草小麦大枣汤”这一著名药方。由此可见，小麦用于治病的历史悠久。

小麦的原产地在西亚，最先由中东的原始人类采食野生一粒小麦与野生二粒小麦，后来对野生小麦进行栽培，通过人类传播到了北非、欧洲与东亚，经人工选择与自然选择，出现了栽培一粒小麦与栽培圆锥小麦的许多品种。我国在新石器时代就开始普遍种植普通小麦，那种籽粒大、能自行断节碎穗的麦类被人们保存下来，有芒与带壳的麦粒通过用火烧烤，去掉芒与壳，就可以食用了。在神农尝百草时代（距今一两万年），那种由无意识地发现和选择断节麦到有意识地选择麦粒越来越大的断节麦，大概是人工选择发生效用的第一步。也就是说，在人们第一次有意识地去挑选那种较大的断节麦粒食用时，就是人能够选择有利变异的开始。

现在种植的普通小麦是由一粒小麦、拟斯卑尔脱山羊草、节节草 3 种野生植物经过两次天然远缘杂交、两次染色体加倍，历经 9000 多年的自然选择和人工种植而形成的。大约 10 000 年前，一种有 14 条染色体（二倍体）的野生小麦（一粒小麦），与一种杂草山羊草杂交。这种杂草的正常二倍体也是 14 条染色体，但是它们与一粒小麦的 14 条染色体不同（不同源），因此不能配对，所以杂交后代是不育的。由于低温，这个杂交后代偶然发生了染色体加倍，形成一个异源多倍体，即二粒小麦，这种小麦具有 28 条染色体。约 3000 年前，二粒小麦与节节草杂交，二粒小麦有 28 条染色体，节节草只有 14 条染色体，杂交的后代又是不育的。由于低温，这个杂交种的染色体又加倍，形成了具有 42 条 (28+14) 染色体的异源多倍体，即普通小麦。一粒小麦为单粒麦，产量低，脱粒时麦粒无法与壳分离。二粒小麦颖果紧包于稃体内，成熟时不脱出，产量较高，因此它慢慢取代了一粒小麦。如今的普通小麦已成为小麦属作物中的集大成者，不仅产量大大提高，还可以食用，而一粒小麦和二粒小麦并没有这种功能。

在小麦后续的驯化过程中，发生二倍化同时也必然伴随着基因组的变化。研究发现，在小麦中有两个类型的 *CENH3* 基因，分别为 *αCENH3* 和 *βCENH3*，该两类基因在小麦 A、B 和 D 基因组中各有 2 个拷贝，共 6 个拷贝，它们在氨基酸水平上的差异主要位于 N 端，αCENH3 和 βCENH3 蛋白均定位于小麦染色体的着丝粒上。从野生类四倍体小麦到栽培类四倍体小麦的驯化过程中，βCENH3 在保守的

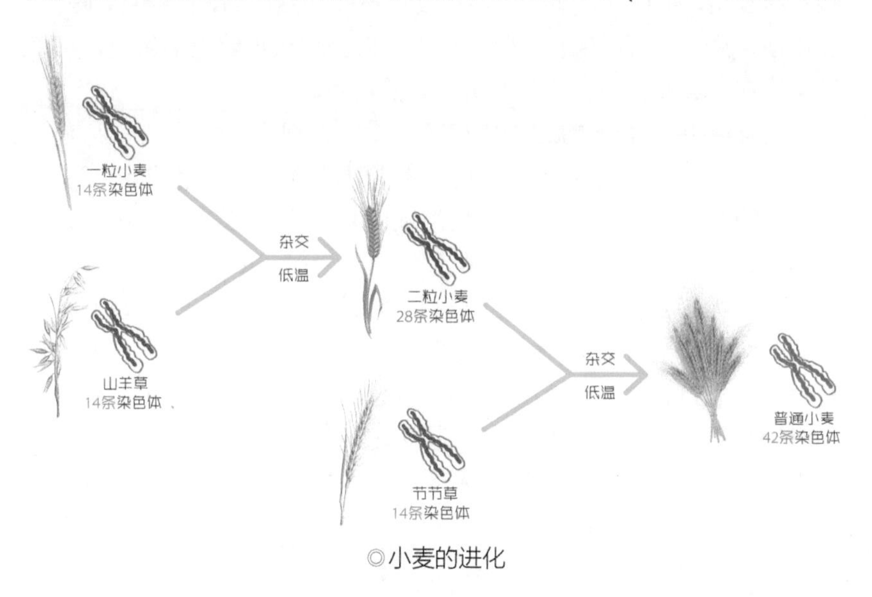

◎小麦的进化

组蛋白折叠结构域正向进化，并且在两类 CENH3 表达中所占的比例有了明显的增高，说明四倍体小麦从野生类到栽培类的进化过程中，βCENH3 蛋白可能在组蛋白折叠结构域存在适应性进化。

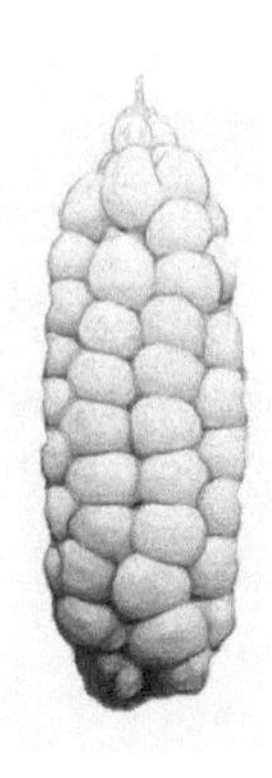

24. 基因微小变化形成现代玉米

◎玉米的祖先

众所周知，玉米是世界三大粮食作物之一，也是重要的谷物之一。拥有 400 多年的栽培历史，它具有很高的食用价值、饲用价值和经济价值，从古到今，玉米种植从未停歇过，人们对它的喜爱和依赖也从未减少过，在现代经济生活中，它的地位也越来越重要，不仅可以直接煮熟食用，而且可以加工成各种食用产品和副产品，如淀粉、味精、食用油、酒，还可以用在畜牧、化工、医药和造纸等很多领域，可以说玉米在人类社会中发挥着不可估量的作用。

玉米经历了久远的进化历程。科学家发现远古的大刍草花粉化石，其大小和形状与现代玉米的花粉毫无差异，因此推断它可能是玉米的野生祖先。在今天的中美洲地区依然有大刍草的存在。大刍草植株细小，种子上却包裹着坚硬发亮的外壳，可以用来抵御鸟兽的侵害。大约在 10 000 年前，美洲大陆的古印第安人就开始不断地选育玉米了，期间为适应各种复杂的自然条件，玉米发生了多次自然突变和种族间杂交，小果穗的被淘汰，果穗硕大、淀粉含量高的品种被保存下来，玉米棒逐渐变得更大，籽粒也越来越饱满，最终演变成现在的玉米。今天的玉米无稃（果实硬壳）及果穗外的苞叶便是人们长期选育的结果。

作为一种驯化作物，玉米的延续完全依赖于人类。我们知道，生物的进化不仅可以缓慢渐进，还可以因为体内某个基因的微小变化而迅速剧变，玉米便是如此。科学家发现，大刍草的果实与玉米有着相同数目的染色体和类似的基因序列，并且它们之间可以杂交，繁殖为新品种，这说明，虽然外表差异较大，但是从根本上来说，它们的亲缘关系十分相近。玉米驯化最早的时候，单个基因的微小变化就产生了这样戏剧性的结果，它们产生巨大差异的原因至少涉及了6个基因的变化，其中的主要基因是*tga1*，*tga1*基因在植物中调控花器官发育和抗性。大刍草中的*tga1*基因调控籽粒外壳的形成，而在现代玉米中的*tga1*基因则破坏了籽粒外壳的形成过程。这两种*tga1*基因到底有什么区别呢？原来，现代玉米*tga1*基因的一段序列中的碱基C，在大刍草中是碱基G，正是这个碱基的变化导致了*tga1*基因所编码的蛋白质发生变化，由大刍草中的赖氨酸变成了现代玉米中的天冬酰胺酸。也就是说，不同的*tga1*基因控制着不同的籽粒外壳，大刍草中的*tga1*基因使得其籽粒被坚硬的稃壳包裹，玉米中的*tga1*基因使得其籽粒无壳且柔软。除了*tga1*基因外，*tb1*也是一个重要基因，它与玉米的分蘖有关。该基因在大刍草中被抑制，结果产生许多分蘖，而在玉米中表达增加，使得玉米少分蘖或无分蘖。

尽管在驯化过程中，玉米籽粒的外壳丢失了，但它们依然牢牢黏着在芯上，而不像大刍草的籽粒容易散落。因此，每个突变、每种进化都有它的作用和意义，都是符合大自然的进化规律的，人类只能在遵循自然规律的基础上寻求和改造出更多的新物种。就像如今的玉米，作为高新农业育种的产物，已出现各种抗逆性的新品种来满足人类所需。

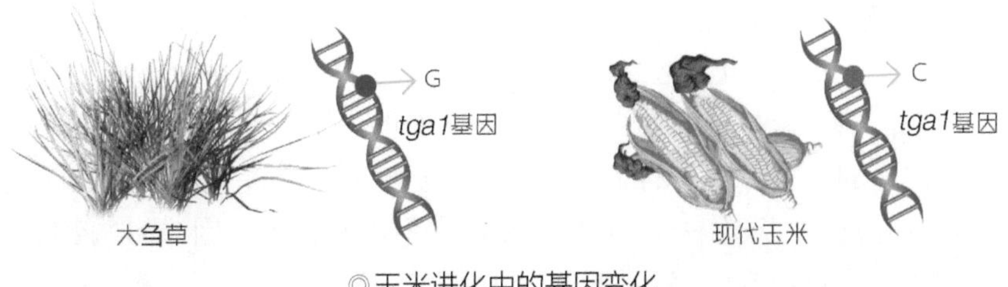

◎玉米进化中的基因变化

25. 基因突变让玉米变甜

◎甜玉米

对儿童来说，在选择食用玉米时，往往是那种籽粒鲜黄、甜度较高的玉米棒比较受欢迎，这种有一定甜度的玉米被称为甜玉米(sweet corn)。甜玉米又称蔬菜玉米、水果玉米，在欧美、韩国和日本等国家（或地区）是一种重要蔬菜，我国也有大面积种植。最早的甜玉米是1779年欧洲殖民者从美洲的易洛魁人那里收集到的Papoon玉米。后来，经过人们的培育筛选，出现了更多类型的甜玉米，它们被广泛栽培至今天。

其实，甜玉米也包括几种类型，有普通甜玉米、超甜玉米、加强甜玉米，它们的甜度各不一样，当然含糖量及其他营养物质的含量也不相同，造成口感不一，人们在选择时也会根据自己的喜好去购买。甜玉米经常被做成各种罐头食品，一般都以黄色籽粒居多。在市场上，超甜玉米的竞争力可谓后来居上，它主要用作鲜食。总的来说，胚乳的口味、果皮的柔软度等因素决定了甜玉米的口感和品质，然而这些本身的特性都受制于基因的影响。也就是说，倘若人类掌握了这些基因的秘密，也可以通过基因技术去改变玉米的甜度，事实证明，现在人们做到了！

究竟是哪些基因决定了它们的甜度呢？生物学上，甜玉米是普通玉米的一个变种，也就是说普通玉米的基因发生突变才形成了甜玉米。而现在的甜玉米也是在几百年前自然突变的甜玉米基础上，通过杂交选育出来的品种。最早的甜玉米是来自于普通玉米的*su*基因突变的突变体。在这些突变体中，普通甜玉米受单隐性甜-1基因(*su1*)控制；超甜玉米受单隐性凹陷-2基因(*sh2*)控制，它的含糖量比普通玉米要高；加强甜玉米是比普通甜玉米多了一个加甜基因（*se* 基因）而成的，该加甜基因控制着胚乳中糖分的合成，使加强甜玉米更甜。除了这些基因之外，还有多个突变体基因，它们调控籽粒中营养物质的组成、口感及籽粒的成熟度等。其中，*su2*、*bt* 和 *bt2* 均可以增加胚乳成熟期可溶性糖的含量，减少淀粉的比例，从而大大改善玉米的食用品质。

相比普通玉米，甜玉米在营养、口感、甜度等特点上都要更胜一筹，以至于它备受消费者的青睐，甜玉米在玉米界具有良好的发展前景。

小知识

糯玉米也是由普通硬质玉米的基因发生突变而产生的。具体是玉米的第 9 条染色体上 *WX* 基因发生了突变，*WX* 的存在使得胚乳中无法合成直链淀粉，因此胚乳的糊化程度小，导致胚乳致密不透明状，犹如石蜡，即出现糯性，故又把糯玉米称为蜡质玉米。糯玉米黏性比普通玉米要高，营养成分的含量也高于普通玉米，富含人体必需的蛋白质、氨基酸及各种维生素和矿物质。糯玉米起源于中国，它的籽粒色基本上都是白、黄、花、乌 4 种，轴色都是白色，在市场上也很常见。

26. 跳动的基因带来彩色玉米

彩色玉米◎

我们平时食用的玉米一般都是黄色籽粒或白色籽粒（糯玉米），这是由于籽粒的胚乳中含有胡萝卜素。当胚乳中含有大量的胡萝卜素时，玉米粒就呈现出黄色；当胡萝卜素含量很低时，玉米粒就呈现出白色。而在古美洲，印第安人食用的玉米五颜六色，有紫色、红色、蓝色等，并且有时候一根玉米棒上也可以看到多种颜色的籽粒，当时人们还将玉米棒子挂起来当作装饰品。后来，经过人工选择，玉米的颜色主要以黄色和白色为主，但人们在成片的玉米地里偶尔还能看到紫色或者红色玉米，并且还有推广种植的彩色玉米品种，像印度红玫瑰爆裂玉米、巴西五彩钻玉米、泰国花仙子黏玉米等。人们不禁要问，这些彩色玉米究竟是怎样形成的呢？它们可以像黄色或白色玉米一样拿来正常食用吗？答案是肯定的。彩色玉米不是染色的结果，它们是自然分色，是由彩色花粉“混”出来的多色玉米。

从生物学的角度来说，玉米的种皮是透明的，籽粒的颜色由胚乳外面的糊粉层来决定，而糊粉层含有花青素，根据花青素的种类和颜色，糊粉层就会表现出紫色、红色、蓝色等，但当糊粉层没有花青素时，籽粒颜色就取决于胚乳颜色了。而每个玉米棒上的每个籽粒都有自己的一套基因，所以在天然杂交后，就很容易出现五颜六色的玉米棒。究其根本，其实早在 1932 年，美国遗传学家麦克林托克（B. McClintock）就在印度彩色玉米中观察到了杂色籽粒，经过研究，她发现这些颜色的有无是受一些位于 9 号染色体上的基因控制的，其中 *C* 基因控制色素的形成。只有当 *C* 基因存在时，籽粒才会产生颜色，否则无色。而 *C* 基因附近的 *Ds* 基因又控制 *C* 基因的表达。当 *Ds* 基因存在时，*C* 基因也不能使籽粒表现有色。如果 *Ds* 基因断裂或脱落，*C* 基因又会重新表达，籽粒显色。然而，*Ds* 基因的解离及活性又受到基因 *Ac*（激活因子）的支配。当 *Ac* 存在时，*Ds* 基因解离，同时解除它对 *C* 基因的抑制，*C* 基因才得以表达，当 *Ac* 不存在时，*Ds* 不解离，*C* 基因受到抑制，无法表达，籽粒表现无色。可以说，这种表达模式是环环相扣。这就是生物学中经典的“*Ac-Ds* 转座系统”。在这一调控系统中，基因 *Ds* 与 *C* 的位置相邻，而 *Ds* 与 *Ac* 却相距很远，但这并不影响 *Ac* 对 *Ds* 起激活作用，*Ds* 解离之后，可以移动位置，它可以离开基因 *C* 到达别的地方，也可以重新整合在基因 *C* 附近，也就是说它可以“跳动”。

麦克林托克于 1951 年提出了“移动的控制基因学说”，她认为基因可以在细胞中自发地转移，能从染色体的一个位置跳到另一个位置，甚至从一条染色体跳到另一条染色体上，她把这种能自发转移的遗传基因称为转座因子（transposable element，TE）。这些调节因子可以自主移动，也可以支配受体因子的移动。正是由于这些跳动基因的存在，才造就了五彩缤纷的玉米。当然，这种基因还存在于其他生物体中，如番茄、马铃薯、矮牵牛等。麦克林托克的科学发现打破了科学家对于传统遗传学的定义，于 1983 年获诺贝尔医学与生理学奖。

小知识

TE 在基因突变、基因组进化和物种形成方面起重要作用。最明显的效应是 TE 能够启动重组，最后导致基因组转座重排。研究发现，基因可能会以 TE 为载体在微生物和高等动植物之间进行横向转移，例如，人类蛋白质有 61% 与果蝇同源、43% 与线虫同源、46% 与酵母同源。可以说，TE 存在于很多生物中，大到动植物，小到细菌、微生物。人类基因组中有 35% 以上的序列为转座子序列，而反转录转座子是引起人类疾病的潜在病因。

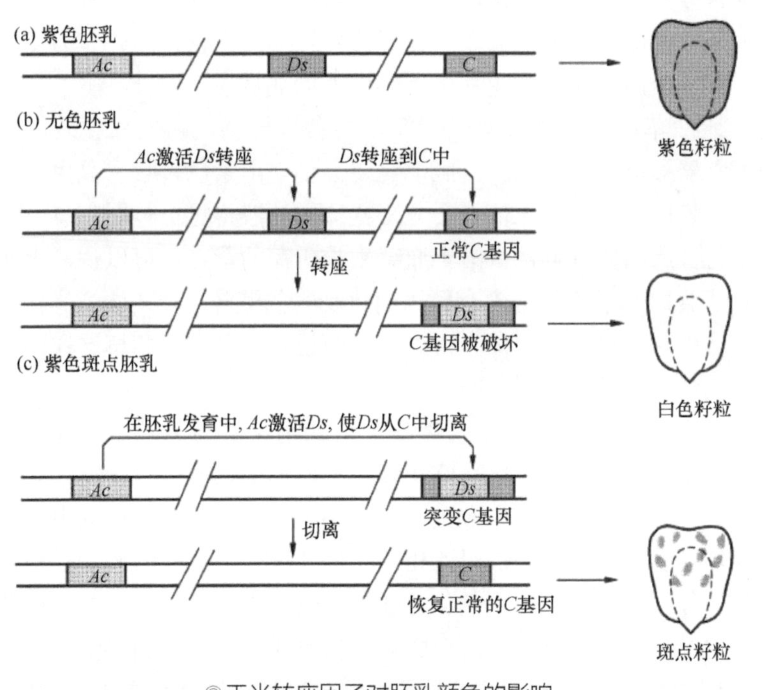

◎玉米转座因子对胚乳颜色的影响

27. 吃荤的土瓶草

◎土瓶草

世界之大，无奇不有。动物以植物为食，人们已司空见惯，不觉为奇，而植物界竟然也有吃荤的，有人恐怕还是第一次听说。平常所见到的植物都是给我们安静、柔弱的印象，它们一般都是靠光合作用来吸取能量的，然而一些腐生植物、肉食植物却不仅仅是这样的。例如，我们听说的捕蝇草、猪笼草等，这类植物既能进行光合作用，又能通过“食肉”来摄入所需的营养，并且捕食动作迅速，猎物最终被自身分泌的液体所消化，而这种行为在其他植物中是没有的。由于它们颜色亮丽，外形酷酷，又具有特异的捕虫本领，因此作为受宠植物，其常常出现在各种花卉展上，供人们观赏。

土瓶草，是一种类似于猪笼草的食虫植物，它们靠囊袋，也就是捕食器被动捕虫，在强日照下囊袋会呈现出紫色，吸引昆虫，当昆虫滑入袋内，袋内的腺体就会分泌特殊的汁液将昆虫包围窒息，最终被消化液所消化分解，供给土瓶草生长所需的营养。可以说，土瓶草既长了食肉叶子（其中含有可以消化动物的液体），又长了非食肉叶子，这引起了科学家的极大兴趣，他们想要探究像土瓶草这样的植物的食肉性到底是如何形成的。

科学家着手将土瓶草食肉叶子内的消化液与另外 3 个远亲——阿帝露茅膏菜、菲律宾猪笼草和紫瓶子草的消化液进行生物学比较。原来，在其他植物中参与应激反应的基因在这 4 种食肉植物中均发生了功能转变，而它们的作用就相当于消化液蛋白。众所周知，肉食性植物一般是通过鲜艳的颜色、香味、花蜜等吸引昆虫的，在土瓶草的叶片内，与淀粉合成、蔗糖合成及运输等相关的基因通路均发生了富集，这些基因可能与花蜜的形成相关；另外，细胞色素 P450 基因家族在土瓶草中发生了扩张，由此形成叶片鲜艳的色泽；为了形成表面光滑的叶片使昆虫轻松掉入捕食器，土瓶草中与蜡、脂合成相关的基因（*WSD1*）也显著表达；更有意思的是，土瓶草所分泌的酸性消化液中有像动物肠道中消化肉食、骨骼类物质的酶，其中的几丁质酶能够降解昆虫坚硬的外骨骼，紫色素酸磷酸化酶能够帮助摄取磷元素。正是由于这种消化酶的存在，它们才能将昆虫的组织溶蚀，以供己用。

在了解了土瓶草这种神奇的植物后，我们可能会对类似的食肉植物更有兴趣，其实这类植物都是具有相同的进化方式的，食肉本领的形成也都由类似甚至相同的基因所控制，在植物界扮演着不可替代的角色，当然它们都是没有毒性的植物，完全可以作为盆栽观赏植物。

28. 能不能喝酒基因说了算

与喝酒有关的基因◎

看起来像水，喝起来辣嘴。不管是过节、聚会、工作之余，人们总喜欢用喝酒来调节气氛，增加欢愉之感。从古到今，在国人眼里已是无酒不成席了。从李白的斗酒诗百篇到曹操的煮酒论英雄，再到今天的感情深一口闷，个个都是和酒有关。但是，俗话说得好，小酒怡情，大酒伤身，凡事都不可过分。同样是喝酒，有的人千杯不倒面不改色，有人沾酒就变红脸关公，出现头晕目眩、神志不清、恶心呕吐等症状，并且有的人能将酒量控制到恰到好处，为什么人与人之间的差别这么大呢？

饮酒是一种可遗传性状，不同程度的酒精耐受性跟人的酒精代谢能力有关，而控制酒精代谢能力的基因被称为“酒精基因”，酒精即乙醇，经人体胃肠道吸收后，会被乙醇脱氢酶转化为乙醛，再被乙醛脱氢酶转化为乙酸，最后分解为水和二氧化碳。编码乙醇脱氢酶和乙醛脱氢酶的基因分别主要是 *ADH1B* 和 *ALDH2*，它们发生突变时往往会影响酒精的代谢能力，从而使人体产生不同程度的酒精耐受性，影响个人饮酒量。而当乙醇脱氢酶正常、乙醛脱氢酶缺乏时，则会造成乙醛大量积累，血管扩张，这时就会出现红脸的症状。所以，有的人能喝酒，并且也不会出现红脸的现象，有的人就不能喝酒，喝一点就会变成“关公脸”，而且身体也出现各种不舒服。总的来说，喝酒带来的危害主要是来自乙醛，除了伤害肝脏之外，它甚至还会引起其他心血管疾病，人们必须根据自己的身体状况来把握酒量。

除了能否喝酒与体内基因相关之外，爱不爱喝酒这一有意识性的选择行为也是受基因所控制的。例如，被称为 β-Klotho 的蛋白质，它是一种单次跨膜蛋白质，是 FGF21 激素（成纤维细胞生长因子 21，由肝脏分泌，调控各种代谢反应的压力）的受体，它的突变可影响机体对酒精的偏好性。可见，基因变迁不仅能影响人们的喝酒能力，还能影响喝酒的喜好意识，因此造成有的人能喝酒，有的人不能喝酒；有的人酷爱喝酒，却不能喝酒。

现在生活中，过量饮酒一直不被提倡，人们经常会听到“少喝”“不要贪杯”之类的话，与饮酒相关的疾病也时常被报道。据统计，全球每年死亡人数中，近 4% 的死亡是由酗酒造成的，每年约有 250 万人的死因与酗酒有关，酗酒正成为比暴力、艾滋病和肺结核等疾病更可怕的健康杀手。

第 3 章
科学引导下的基因变迁

导读 基因通过突变和迁移不断引入新的性状，在自然或者人工选择下，形成了丰富多彩的自然世界。自 20 世纪 50 年代发现 DNA 是遗传信息的载体后，生命科学的发展进入快车道，基因的功能不断被揭示，生命的奥秘正在掀开“它”神秘的面纱。而在揭示已有的生命进程原理的同时，人类也开始运用已掌握的科学知识实施科学引导下的定向基因变迁，参与物种的改造和创造，为人类的自我繁衍发展贡献力量。

1. 倍性改变让你吃水果不吐籽

◎无籽西瓜

我们吃的大多数水果，都是有籽水果，如西瓜、葡萄等，往往在食用后需要吐籽，很多人就觉得这样很麻烦，况且有籽水果对小孩和牙齿不好的老人来说很不方便，他们往往都会选择避开这些水果，长此以往，人们就会因水果摄入偏好而出现缺乏某些营养元素的症状。夏天人们经常会通过食用西瓜来防暑解渴，但是西瓜不但籽多，而且籽还难剥落，科学家就开始研究怎样才能使像西瓜这样的有籽水果变成无籽水果呢？一旦成功，岂不是变成入口即化，人人都可以食用了。

从植物学的角度来说，籽粒就是果实里面包裹着的种子。当种子开始发育时，整个子房也随之发育，水和营养物质不断增加，最后成为我们吃到的水果，而种子就储藏在果实中。有籽水果中，若种子不发育，就无法刺激子房的形成，也就是不能形成果实。在了解了果实和种子形成的过程后，科学家就设想，若能阻止种子发育，而又不影响果实的正常形成，那么就可以得到无籽水果了，于是科学家就踏上了生产无籽水果的征途。

植物的生长离不开激素的刺激，生长素和赤霉素是最常见的两大类生长激素，能够促进果实的生长发育。而在激素刺激的过程中，植物自身控制发育的相关基因必然发生了变化，才使得表型同样发生了变化。那么，通过一定方法为果实提供生长激素，同时又抑制种子发育过程中的关键基因，使其不能正常发育，就能够获得无籽水果了。

无籽西瓜是通过杂交手段获得的。普通西瓜为二倍体植物，在幼苗期用秋水仙素进行处理，二倍体加倍成为四倍体（$4n=44$），这种四倍体西瓜能正常开花结果，种子也能正常萌发成长，将它与二倍体西瓜植株进行杂交，得到含有 3 个染色体组的西瓜种子，种植该种子就得到三倍体西瓜植株。生物学上，三倍体在减数分裂过程中会发生染色体联会紊乱，不能形成正常的生殖细胞，当三倍体植株开花时，需要授于正常二倍体植株成熟的花粉刺激子房发育成果实，最终形成无籽西瓜。而在这一系列倍性变化的过程中，基因也发生了变化，才导致染色体组跟着变化。

无籽葡萄也是通过为果实施用植物激素，抑制种子的发育来获得的。像无籽巨峰葡萄，不仅有较高的无核率，果实大小还在原来的基础上增加了不少。另有一些葡萄品种，如‘京可晶’‘大粒红无核’等，则是由于其自身的基因变异，导致果实没有形成籽粒。

目前，无籽水果已经成为人们水果品种的首选，市面上出售的无籽水果不但营养价值高，而且吃起来方便，深得人们的喜爱。

小知识

柑橘也有无核的现象，这是由于它们的果枝在芽期受到外界刺激而发生了变异，造成种子不能发育，但果实本身发育正常。这种枝条通过扦插、嫁接等繁育后，就可以结出无籽柑橘。菠萝、香蕉也是无籽水果，其中菠萝的产生是由于不能自花授粉结实，而香蕉本身就是三倍体植株，自然也不会产生种子。无籽番荔枝和番茄则是控制种子的基因发生了变异而形成的。

2. 转基因微生物开辟制药新天地

重组人胰岛素◎

传统的医药生产中，有些药品（如胰岛素、干扰素等）最初是直接从生物的组织、细胞或血液中提取的，受原料来源限制，产量低，价格十分昂贵，不能满足广大用药患者的需求。为此，科学家积极寻求新技术来生产这些药物。随着生物技术的发展，基因工程技术逐步应用于医药领域，利用微生物基因工程的方法生产大量药物和疫苗，涉及胰岛素、干扰素、白介素、人生长激素，以及多种人用和畜用疫苗等。接下来以基因工程微生物菌株生产干扰素和胰岛素为例，来讲述这一技术及其广泛的应用价值。

干扰素是动物或人体细胞受到某些病毒感染后分泌的具有抗病毒功能的特异蛋白，在同种细胞上具有广谱抗病毒作用。它并不直接灭活病毒，而是通过诱导细胞合成抗病毒蛋白（AVP）实现对病毒的抑制作用，同时还可增强自然杀伤细胞（NK 细胞）、巨噬细胞和 T 淋巴细胞的活力，从而起到免疫调节作用，增强抗病毒能力。干扰素发挥作用迅速，既能中断受染细胞的病毒感染，又能限制病毒扩散，在感染的起始阶段，体液免疫和细胞免疫发生作用之前，干扰素发挥重要作用。

胰岛素是治疗胰岛素依赖型糖尿病的重要药物。最早用于临床的胰岛素主要是从猪、牛胰脏中提取的，但是由于来源有限，价格昂贵，并且不同动物的胰岛素组成有所差异，因此这样的胰岛素输入人体后容易产生抗原性，极大地限制了其临床应用。

20 世纪 70 年代，美国科学家首先人工合成了胰岛素基因，并使其在大肠杆菌中成功表达。1982 年，第一个利用微生物基因工程技术生产的重组人胰岛素被 FDA 批准进入商业化生产，源于动物的胰岛素才逐渐被基因工程人胰岛素所取代。大肠杆菌繁殖一代只需 30 ～ 40min，这样可以快速生产胰岛素，如用 2000L 培养液就能提取 100g 胰岛素，相当于从 1t 猪胰脏中提取的产量。据推算，利用转基因方法生产的人胰岛素的成本比从猪、牛胰脏提取的要便宜 30% ～ 50%。1998 年我国成功研制出拥有自主知识产权的中国第一支基因重组人胰岛素制剂“甘舒霖”，使中国成为世界继美国、丹麦之后第三个能够生产人胰岛素制品的国家。

基因工程技术给制药工业带来了革命性的变化，按需求定向改造生物的遗传性状，产生了人类需要的基因产物。

3. 人工辐照突变辨别雌雄家蚕

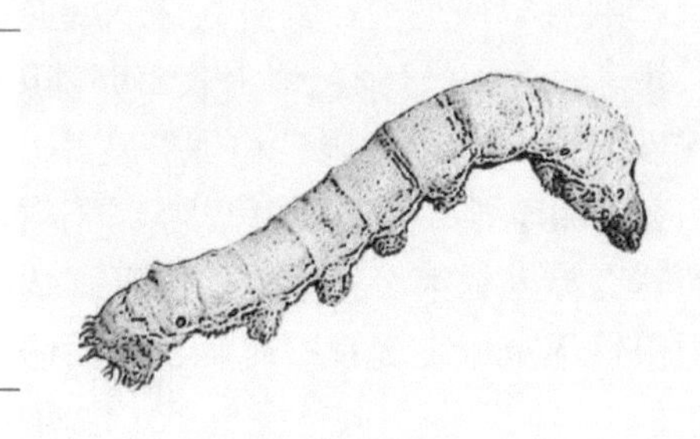

家蚕◎

蚕是大家熟悉的一种昆虫，原产于我国，经过驯化后在室内饲养，常见的桑蚕以桑叶为食，吐丝结茧，又俗称家蚕。我国栽桑养蚕的历史已经有四五千年了，古史上有伏羲“化蚕”、嫘祖“教民养蚕”的传说，又称黄帝元妃西陵氏为“先蚕”，即最早养蚕的人。通过养蚕纺丝，成就了纺织业的发源，开启了丝绸之路。

家蚕有雌雄之分，千余年来的传统养蚕业都是将雌、雄蚕卵孵化后的幼虫混合饲养，没有良好的方法将雌雄蚕分开。而养蚕人都知晓雄蚕和雌蚕相比，雄蚕食桑量要少，但产丝率比雌蚕高 10%，用雄蚕茧缫出的生丝品位也较雌雄蚕混养的茧高两个等级以上。因此，专养雄蚕是提高茧丝品质和综合经济效益最为有效的途径。问题在于，识别蚕的雌雄必须依靠蚕的一些特征，如腹部第八、第九节处的区别等，但在幼虫期很难用肉眼直接辨别，而且效率很低。

自 20 世纪之初，科学家就基于家蚕不同表型性状，如卵色、斑纹等，以及伴性特征的突变，开展了家蚕性别分辨和雄蚕育种的研究。辐照能使基因发生突变，利用这种技术，1975 年，苏联科学家斯特鲁尼科夫（B.A.Strunnikov）院士终于创建出家蚕性连锁平衡致死品系，使得雄蚕专养得以实现。经过 γ 射线辐照处理，诱导出染色体 Z-W 易位型和 Z 染色体的隐性致死突变型。这种性连锁平衡致死品系雄蚕的 Z 染色体上带有 2 个非等位的胚胎期隐性纯合致死突变基因（l_1 和 l_2），而其雌蚕的 W 染色体上则易位有这 2 个致死基因的正常型等位基因，因而该系统内的雌雄交配，能完整地保留平衡致死基因；常规品种雌性与连锁平衡致死品系的雄性杂交，其后代的雌蚕均在胚胎期死亡，而雄蚕能正常孵化，从而达到了雄蚕化的目标。

通过辐照诱变，还开发了大量限性突变蚕品种，可以用于分辨雌雄。家蚕10号染色体上有白卵基因，通过辐照诱变易位到雌蚕的W染色体上，成为限性白卵突变系，该品系中雌蚕为黑卵、雄蚕为白卵。由于雌雄间的卵色截然不同，控制蚕的性别十分方便。通过辐照诱变将家蚕第2染色体上的斑纹基因易位到W染色体上，则可获得限性煤灰斑突变系；而第3染色体上的虎斑基因片段易位到W染色体上，则可获得限性虎斑系。这两种限性皮斑系可根据幼虫皮斑的情况将雌雄分开，雌蚕有斑纹，雄蚕无斑纹，但由于分辨期大多要等到3龄后，因此将雌雄分开需要的人力物力较多。另一项研究中获得的限性黄茧突变系，是家蚕第2染色体上的黄血基因*Y*易位到W染色体上，该品系可依茧色分开雌雄，黄茧为雌，白茧为雄，种茧育可提高雌雄鉴别的工作效率和准确性，丝茧育可实行雌雄茧分煮分缫，提高丝质。辐照育种还获得了含有+*hsc*基因的Z染色体片段易位于W染色体上的突变系，用其与伴性赤蚁雄蚕连续回交，育成了限性蚁色系，黑蚁为雌蚕，红蚁为雄蚕。

基于家蚕性别控制而发展的雄蚕专养奠定了雄蚕丝产业化的基础，其中以性连锁平衡致死品系的应用最广。要提高蚕茧的质量和生丝品位，仍需针对优质家蚕品种的育成与推广加强研究。

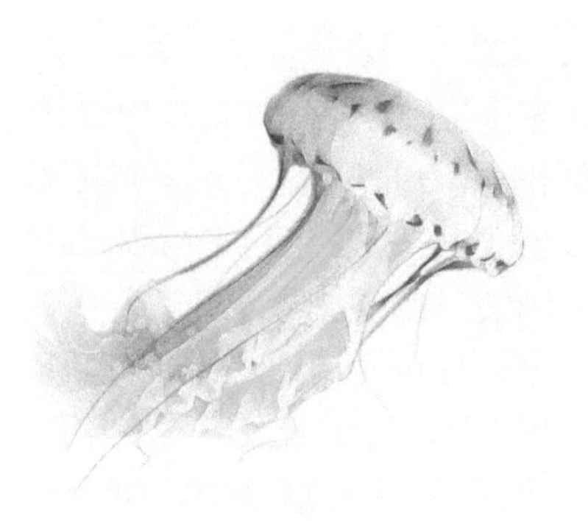

4. 发光蛋白质的新用途

◎发光水母

大自然中能发光的生物很多，萤火虫是我们最常见的一种发光生物了，夏天夜晚的河边、草丛经常能看到或数只或成片萤火虫的身影。海洋中的某些水母、珊瑚和深海鱼类也有发光的能力。大多数发光动物能发光是靠萤光素和萤光素酶的合作产生的结果。

20 世纪 60 年代，日本科学家下村修发现了发光水母，并对其进行研究。他发现这些水母在受到外界的惊扰时会发出绿色的荧光。但是，与其他发光生物不同，这种水母的体内并没有萤光素酶。下村修猜想，也许是存在一种能产生荧光的特殊蛋白才导致水母发光，并且它不是常规的萤光素 / 萤光素酶原理。经过试验最终发现，原来，有一种被称为水母素的物质存在于该种水母体内，在与钙离子结合时会发出蓝光，而后立即被另一种蛋白质吸收，改发绿色的荧光。这种捕获蓝光并发出绿光的蛋白质，就是绿色荧光蛋白（green fluorescent protein，GFP）。

GFP 由绿色荧光蛋白基因编码，在蓝色波长范围的光线激发下会发出绿色荧光，整个发光过程中还需要冷光蛋白质水母素的帮助，冷光蛋白质与钙离子（Ca^{2+}）可以产生交互作用。绿色荧光蛋白不需要与其他物质合作，只需要用蓝光照射就能自己发光。

作为一种新型报告基因，GFP 已在生物学的许多研究领域得到应用。常被用来研究骨架和细胞分裂、动力学和泡囊运输、发育生物学等，并可应用于转染细胞的确定、体内基因表达的测定、蛋白质分子的定位、细胞间分子交流的动态监测等。科学家还对绿色荧光蛋白进行改造，发展出了红色、蓝色和黄色荧光蛋白，使得荧光蛋白真正成为一个琳琅满目的工具箱，供生物学家选用。

日本科学家将 GFP 转入狨猴细胞中，培育出世界上首例可以复制人类疾病并且会发光的转基因灵长类动物。由于可以“复制”人类所患的部分最具破坏性的疾病，狨猴无疑为研究这些疾病的成因及治疗手段提供了一个全新的模型。

还有科学家将 GFP 植入模型老鼠的脑细胞，这些荧光蛋白能够“点亮”神经元，这样研究老鼠的脑部就变得轻而易举，从而使研究人员能够研究大脑是如何处理信息的。另外，还培育出可以在黑暗中发光的狗，这种狗可以帮助人类治疗诸如阿尔茨海默病和帕金森病。还有发光猫、发光鱼、发光猪等新型生物产出，它们将被用作模型来进行人类疾病的治疗，或为人类器官移植提供材料，为畜牧业发展和医学研究带来前所未有的新资源。此外，GFP 还被用来进行药物筛选、抗体制备、疾病检测和临床治疗，甚至构建生物传感器、光伏发电等，应用前景极为广阔。瑞典皇家科学院将 GFP 的发现和改造与显微镜的发明相提并论，称其为当代生物科学研究中最重要的工具之一。

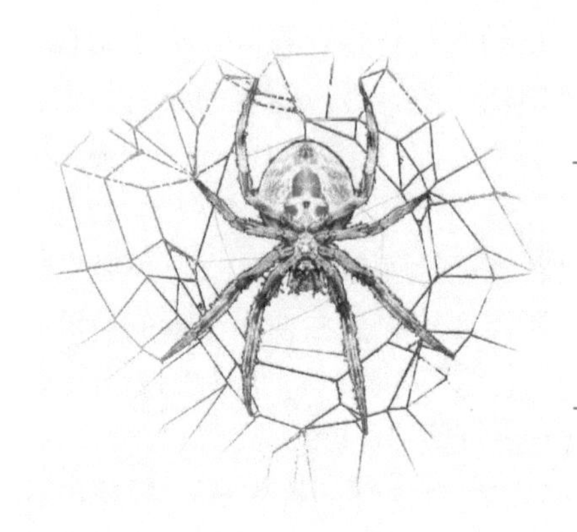

5. 谁来替代蜘蛛吐丝？

◎蜘蛛

蜘蛛会吐丝结网，捕食其他飞虫。人类很早就发现，蜘蛛丝是一种既具有抗张强度又具有高度弹性的奇特蛋白质纤维，是公认的最为坚韧的天然纤维物质之一。优异的力学特性和良好的生物相容性使蜘蛛丝成为极具开发潜力和应用价值的新型生物材料，在众多领域具有广泛而巨大的应用前景。在军事方面，早在第二次世界大战中，就曾在望远镜、枪炮的瞄准系统光学装置的十字准线上使用过蜘蛛丝，另外蜘蛛丝的韧性是现代防弹背心材料凯夫拉纤维（kevlar）的 3 倍，这意味着由蜘蛛丝制成的防弹背心将具有更为优秀的防弹能力，除此之外，蜘蛛丝还能制造降落伞绳、战斗飞行器、坦克、雷达及卫星等装备的防护罩等；在生物医药领域，蜘蛛丝是一种可生物降解的绿色材料，可以用于制作伤口缝合线、干细胞生长的支架材料、生物黏合剂、人造皮肤甚至肌腱韧带等；在工业方面，蜘蛛丝不仅可用于制作高强度材料、车轮外胎、鱼网等，还可用作制造桥梁、建筑等的结构材料及复合材料；在民生方面，蜘蛛丝可制作成服装、围巾、帽子等纺织物。

但是现有条件下难以获得足够量的蛛丝蛋白并将其用于研究和开发应用，这是因为天然蜘蛛丝主要来源于结网，产量非常低，而且蜘蛛具有同类相食的特性，无法像家蚕一样高密度人工养殖，因此想以天然方式大规模生产蜘蛛丝是行不通的。而且蛛丝蛋白结构高度复杂，使得人工化学合成性能相当的纤维困难重重。因此，想要获得大量蜘蛛丝，就要另辟蹊径。随着现代生物工程技术的发展，国际上蜘蛛丝仿生制备研究已经取得突破性进展，科学家通过基因工程手段成功制备出力学性能接近天然蜘蛛丝的类纤维制品，从而为蜘蛛丝的产业化应用奠定了基础。

科学家克隆了蛛丝蛋白基因后，尝试用很多生物代替蜘蛛来“吐丝”。早在 1995 年，普林斯（J. H. Prince）等最先尝试利用大肠杆菌来表达蛛丝蛋白。后来还有研究以酵母作为载体表达蛛丝蛋白。由于密码子偏好性不同，而且蛛丝蛋白结构复杂，大肠杆菌或酵母中的蛋白表达量较低。2001 年，科学家成功地在烟草和马铃薯中表达蛛丝蛋白，与天然蛛丝蛋白具有 90% 的同源性，1kg 烟草叶片中可以提取出 80mg 蛛丝蛋白，产量也大幅提高。后来更多的研究结果表明，利用植物载体确实能够比较完整地表达大分子重组蛛丝蛋白，但是提取的蛛丝蛋白还未能成功纺丝，离实际应用还有一定的距离。2002 年，加拿大魁北克内克夏生物科技公司（Nexia Biotechnologies）和美国陆军纳提克士兵研究中心（Natick Soldier Center）的学者在《科学》（*Science*）杂志上报道了应用哺乳动物细胞表达蜘蛛丝的工作。他们将蜘蛛丝基因分别转入牛乳腺上皮泡状细胞和仓鼠肾细胞进行表达，用获得的蛛丝蛋白纺制成了世界上首例人工蜘蛛丝纤维，并命名为“生物钢”。内克夏生物科技公司还培育出转基因山羊，其羊奶中含有蜘蛛丝蛋白，提纯后通过一种微孔装置，使蛋白链延伸形成类似拉链一样的细丝，其过程就像蜘蛛吐丝一样。说到“吐丝”，不能不提到蚕宝宝，随着家蚕生物反应器技术的进步，2005 年应用转基因家蚕吐出蜘蛛丝终于实现了。日本、美国等国家已有多个机构正从事转基因家蚕的开发，以求大量生产蜘蛛丝，在我国也有多家单位正在从事类似的工作。美国密歇根州的克雷格生物技术实验室（Kraig Biocraft Laboratories）创造出能吐蜘蛛丝的转基因家蚕，将其吐出的蜘蛛丝称为“龙丝（Dragon Silk）”，“龙丝”是目前已知的材料中纤维韧性最高的，有望用于制作性能更为优异、更为轻薄的防弹衣。日本茨城县筑波市农业生物资源研究所的研究团队将鬼蛛的经丝基因植入家蚕，成功获得了强度是天然蚕丝 1.5 倍的“蜘蛛蚕丝”，因为其不但纤细而且具有较高的强度和耐热性，有望应用于手术缝合线和防护服。

6. 生物防治与转抗虫基因作物

◎受虫害的棉铃

农业生产中，作物生长会受到病虫害的侵袭，造成生长不利，产量下降。在生产实际中，田间防治病虫害的手段不断发展，有植物检疫、农业防治、生物防治、物理机械防治及化学防治等。其中，生物防治是以一种或一类生物或者其代谢产物抑制另一种或另一类有害生物的方法。每一种生物防治方法的建立都是基于对生物物种间相互关系的科学认识，其中苏云金杆菌（*Bacillus thuringiensis*，Bt）防治有害的鳞翅目昆虫就是一个成功的范例。

苏云金杆菌是一种革兰氏阳性土壤杆菌，它的发现已有上百年的历史。自 1920 年就开始应用 Bt 防治田间害虫，但直到 1950 年，科学家才终于确定 Bt 中的晶体蛋白决定了它的杀虫活性，这种蛋白质通常被称为 δ- 内毒素（δ-endotoxins），或杀虫晶体蛋白（insecticidal crystal protein，ICP），对包括鳞翅目（Lepidopera）、鞘翅目（Coleopter）在内的多种昆虫，以及线虫、原生动物等具有特异性的杀虫活性。当喷洒了 Bt 菌剂的作物被害虫吃掉后，在害虫的肠内碱性环境中，Bt 的伴胞晶体溶解，释放出的杀虫晶体蛋白会使幼虫的中肠麻痹，呈现中毒症状，不能再继续危害作物，再经一段发病过程，害虫肠壁破损，毒素进入血液，最终害虫因饥饿和败血症而死亡。研究发现，这种蛋白虽然常被称为“毒蛋白”，但是只对特异性的昆虫有毒，对人和哺乳动物都无毒，因此 Bt 一直被作为一种生态安全的微生物杀虫剂使用，是可以用于“绿色食品”生产的生物农药。

随着生物技术的迅猛发展，围绕 Bt 的研究也不再局限于菌株的分离、鉴定、生产和发酵等，1981 年科学家分离得到第一个编码杀虫晶体蛋白的 *cry* 基因，截至 2015 年底，已报道的 *Bt* 基因已经达到 813 种。自 20 世纪 80 年代中期开始，基于清晰的 Bt 蛋白的杀虫机制与广泛应用，科学家提出了应用植物基因工程手段进行抗虫转基因育种，把 *Bt* 基因直接转入植物细胞，这就像为植物打疫苗，使植物自己获得抗击虫害的能力。

在转 Bt 作物中，效果最好、应用最广的为抗虫棉。棉花生产受到害虫的严重危害，棉铃虫是棉花的天敌之一，棉花一旦被侵害，植株就会变黄、发蔫，甚至无法开花、吐絮，造成棉田减产，棉农减收。早期，人们防治棉铃虫主要以化学农药喷施为主，但长期使用会使害虫产生抗药性，且农药对人体有害，容易中毒，对环境也会造成严重污染。1987 年，美国 Agracetus 公司首次报道将外源 *Bt* 杀虫蛋白基因转入棉花。1990 年，美国孟山都公司（Monsanto Co.）将 *Bt Cry1A* 基因转入柯字 312 棉，后经进一步研究和改进，成功地培育出了多个转 *Bt* 基因抗虫棉品种，最后大面积种植。1997 年，美国种植了 100 多万 hm^2 抗虫棉，平均增产 7%。我国是继美国后世界上第二个培育出抗虫棉的国家，抗虫棉的应用遍布全国，已经全面替代了进口品种。多年的农田试验表明，转基因棉花使棉花杀虫剂等化学农药的使用量减少了 40% ～ 60%，化学农药大量减少，降低了对环境的污染，也减少了人畜中毒事件的发生，同时也减少了农药对与棉花间作套种作物的污染，提高了这些作物的安全性，这更有利于棉花立体种植，降低植棉成本，增加效益，形成良性循环。到目前为止，除了棉花、玉米、水稻等常见大田作物外，*Bt* 基因也成功转入了马铃薯、番茄、杨树等农作物和林木中。

具有抗虫能力的基因并不限于Bt中的*cry*系列基因，科学家还发现了其他抗虫基因，包括营养期杀虫蛋白（vegetative insecticidal proteins，VIPs）、分泌期杀虫蛋白（secreted insecticidal protein，SIP）、异戊烯基转移酶（isopentenyl transferases，IPT）基因等；从植物中发现的抗虫基因有蛋白酶抑制剂基因（protease inhibitor，PI）、α-淀粉酶抑制剂基因、植物凝聚素基因等；从昆虫中发现的抗虫基因有昆虫特异性神经毒素*AalT*基因、昆虫特异性神经毒素*tox34*基因、蝎β型昆虫毒素基因等。另外，科学家正致力于研究转基因抗虫作物的新策略。德国科学家开发了RNA干扰策略，此策略生产出的抗虫转基因马铃薯没有转入外源蛋白，只在叶绿体或者其他质体内转入一种双链RNA，就可以特异性地干扰不同害虫的不同基因，影响害虫的生长发育。目前已在棉花、玉米、水稻、大豆、马铃薯、番茄、烟草、葡萄、油菜、甜菜、向日葵等多种作物上进行了试验。

抗虫基因的发现及转抗虫基因农作物的应用，给农业生产带来了巨大效益。随着新基因、新技术的不断开发和应用，真正绿色环保的生物防治将为防控植物病虫害提供更美好的前景。

7. 抗除草剂作物不必“锄禾日当午”

◎田间除草

农业，狭义上通常指农作物种植业，一般认为，古人以采集和狩猎为生，采集过程中认知了植物的可食性，最终将一些可食植物栽培、驯化为农作物，从而发明了农业。自古以来，农业生产就和杂草生长密不可分，有作物生长的田地，就会有杂草与作物竞争阳光、水分、养分和生长空间，可能还会带来病害。人类对付杂草已有几千年的历史，从手工除草、机械除草，到生物防治、生态防治，直至 19 世纪末期，发现一些化学药剂可以除去杂草而不伤害作物，使化学除草与除草剂的开发应用迅猛发展，现已成为最主要的一种田间杂草防治手段。

化学除草剂种类繁多，根据作用机制、剂型不同，在田间施用的方法也不同，毒副作用也不同。随着研究的深入，化学除草剂的开发向着高效、低毒、易降解、无残留和环保型发展。随着生物技术的发展，科学家受到除草剂会使杂草产生抗药性现象的启发，创制出了抗除草剂作物，形成了“灭生型除草剂 + 抗除草剂作物”的新型杂草控制模式，这对除草剂的应用方式和发展，甚至对农业耕种模式都产生了巨大的影响，现代农业已经不复“锄禾日当午”的景象了。

抗除草剂作物的早期研究主要通过自然选择或诱变获得抗性植株，然后通过杂交育种将抗性基因导入目标作物。随着植物转基因技术的成熟，为抗除草剂作物新种质的创制奠定了技术基础，从而开创了抗除草剂作物应用的新局面。抗除草剂转基因作物的创制最常见的有两种策略：一是过量表达除草剂作用靶蛋白，提高作物对除草剂的耐受能力；二是向作物中引入能够降解除草剂的酶或酶系统，在除草剂发生作用前将其降解或解毒。此外，还可以考虑对除草剂作用的靶蛋白进行修饰，使其与除草剂结合的效率降低，降低作物对除草剂的敏感性。

最早开发应用的抗草甘膦转基因作物采用的是第一种策略，其引入的基因表达一种被称为 5- 烯醇丙酮酰莽草酸 -3- 磷酸合酶的芳香族氨基酸合成关键酶（EPSPS），是草甘膦的靶标酶，草甘膦通过与植物体内的磷酸烯醇丙酮酸竞争性地结合 EPSPS 的活性位点，终止了芳香族氨基酸的合成途径，造成植物因氨基酸缺乏而死亡。当前应用的该基因主要有来自农杆菌 CP4 的 *cp4epsps* 基因和来自玉米突变的 *zm-2mepsps* 基因。其中 *cp4epsps* 基因被广泛应用于大豆、棉花、玉米、油菜、苜蓿和甜菜等转基因种质的创制中。

bar 基因是迄今为止应用最广泛的一个抗除草剂基因，也是

遗传转化中的标记基因。该基因分离自吸水链霉菌（*Streptomyces hygroscopicus*），编码一种乙酰转移酶，能够作用于草铵膦等除草剂，使之乙酰化而失效，不再抑制植物的谷氨酰胺合成酶，造成植物因氨基酸缺乏而死亡。目前，利用 *bar* 基因创制出的商品化抗草铵膦作物品种有大豆、玉米、油菜、甜菜和棉花等。

为避免使用单一除草剂造成抗性问题，针对不同作用机制、不同用途的除草剂正在开发相应的抗除草剂作物。例如，转入烟草的 *ALS* 突变基因创制出了抗磺酰脲的作物；利用土壤细菌 *Klebsiella ozaenae* 编码的腈水解酶基因 *bxn*，获得了抗溴苯腈的转基因作物；将编码麦草畏 - 氧 - 脱甲基酶（dicamba O-demethylase）的 *ddm* 基因导入植物，创制了抗麦草畏的转基因作物等。除此之外，利用非转基因的方法也可以改善作物对除草剂的抗性，培育出抗除草剂作物。一种具有稀禾定（sethoxydim）抗性的墨西哥甜玉米 B50S 品系已商业化推广，它是通过组培方法筛选获得的，其 ACCase 活性提高了 2.6 倍。

除草剂和抗除草剂作物只是杂草防治的一种手段，相信在未来会有更多更有效的方法妥善解决化学除草中的环境问题、药害问题及抗药性杂草问题等，为农业的可持续发展提供科学保障。

小知识

1996 年，第一个抗除草剂转基因作物诞生，即抗草甘膦转基因作物。草甘膦是一种低毒高效广谱灭生型除草剂，于 1971 年发现有除草的性质，最早由孟山都公司开发，商品名为“农达”，在 20 世纪 80 年代就已经成为世界除草剂的重要品种，在开发出配套的抗草甘膦作物前，其销售额位列世界第 4 ～ 5 位。但随着抗草甘膦转基因作物的推广应用，草甘膦除草剂销售市场一路攀升，仅几年就位列除草剂品种市场的首位，2015 年全球销售额达 45.75 亿美元，占全球除草剂市场的 19.78%，成为世界第一农药品种。

8. 抗病毒木瓜

木瓜◎

木瓜，又称番木瓜，作为大众型水果，口感独特，营养丰富，深得人们的喜爱。但是在木瓜种植过程中，其植株经常会感染一种番木瓜环斑病毒（PRSV），倘若一片木瓜田中有一株得病，那么整片木瓜田都会面临被感染的风险。这种病毒灾害发生在全世界多个木瓜生产国，给木瓜产业带来严重损失。

PRSV 是一种变异性很强的 RNA 病毒，毒株达十几种，寄生在木瓜植株上，每种毒株感染木瓜的能力各不相同。那么它是怎样进行相互感染的呢？原来，PRSV 可通过蚜虫和机械等传播途径感染藜科和葫芦科的大多数植物，当蚜虫在含有病毒的木瓜树上吸食汁液时，PRSV 就会依附在蚜虫的刺针上，蚜虫再去吸食下一棵木瓜时，病毒就被传染过去。被感染的植物通常会出现叶片斑点及畸形、茎部表皮变色、果实畸形等症状，在木瓜上主要表现为叶片、果实及茎段出现环斑，并且出现不同程度的畸变。感染后的木瓜植株不能正常结实，果实的产量和品质大大下降。

为了消除这种病毒，使木瓜产业翻身，起初人们通过“交叉保护”的方法来进行防御，就是将弱毒株病毒接种到木瓜植株上来实现“以毒攻毒”，发现接种后的植株确实能对同种病毒的强毒株产生抗性，并且效果十分好，不仅是木瓜，对于其他植物来说，这种方法同样适用。可是，让人们头疼的是，这种方法应用于大面积种植的作物时就不好办，防病时，要对每个植株都进行弱毒株接种，这显然是行不通的。另外，病毒的强弱在每个株系中是不同的，若某种病毒恰好没有弱毒株，该方法就不能使用了。面对这种情况，科学家就开始从生物分子学的角度进行考虑，寻找能够彻底消除植物病毒的办法。

于是，转基因技术成为必然选择。将筛选的特殊基因转入木瓜，使其产生具有抗 PRSV 的效果。1990 年，首个抗环斑病毒的转基因木瓜品系诞生，1995 年，在夏威夷开发出两个转基因品种‘日出’和‘彩虹’，并于 1998 年批准商业化种植，很多国家的农民都开始种植转基因木瓜，再也不会担心病毒的侵害，即使有病毒来侵害，自身也会产生相应抗性。可以说，转基因木瓜拯救了整个木瓜产业。

由于番木瓜环斑病毒变异性很强，不同地区的毒株感染木瓜的能力差异很大，美国原产的抗病毒木瓜对其他地区的毒株抗性不强甚至不抗。我国木瓜病毒中的优势毒株是我国科学家自主研发的，能抵抗本地毒株，在进行转基因植株的培育时，还要考虑到转基因植株不能被蚜虫吸食传播出其他新的病毒。我国科学家培育出的‘华农 1 号’木瓜，不仅高抗“黄点花叶”，还对其他几种主要毒株的抗性较高。为了检测转基因木瓜是否对人体有害，紧接着又进行了一系列试验，发现人体可正常消化这些转入的病毒蛋白，并且转基因木瓜所含的毒素并不比木瓜自身所含的天然毒素（苄基异硫氰酸酯，一般情况下并不会对人体产生毒害）多，由此证明食用转基因木瓜是安全的。目前，我国市面上出售的木瓜大多数是转基因木瓜，人们可以放心食用。

9. 克隆技术的应用

◎克隆羊多莉

克隆技术起初被应用在园艺学中，后来逐渐出现在动物、植物和微生物中。例如，将一根葡萄枝切成 10 段就可能变成 10 株葡萄；

土豆切成块之后，将每一块都埋在土壤中，就会长出很多个全新的土豆，一个细菌通过复制可以形成无数个相同的细菌。这些现象都是生物靠自身的一分为二或自身的一小部分扩大来繁衍后代的形式，即克隆。克隆技术产生最大影响的便是克隆羊多莉。多莉的出现打破了生物界中自然规律，引发了一场生命的革命。此后，经过不断研究和发展，克隆技术在医学、农业、畜牧、濒危动物保护等领域展示出广阔的应用价值，包括生产人胚胎干细胞用于细胞和组织替代疗法；培育优良畜种和生产实验动物；生产转基因动物；复制濒危的动物物种，保存和传播动物物种资源等。

在医学领域，克隆技术更是在人造器官甚至异种器官移植等方面起着至关重要的作用。据《生命时报》2014 年报道，韩国称其已率先用成年男性组织细胞克隆出了胚胎干细胞（ES 细胞）。ES 细胞具有治疗众多疾病的潜在价值，包括脑、内脏、骨和其他许多组织的病变。克隆技术可以用在人体内脏器官的生产上，用于器官移植或替换体内衰老及发生病变的器官。同时，还可克隆出大量基因型相同的动物来进行临床试验，既可保证试验动物的供给，又可避免由于遗传基因不同给临床试验带来的混乱。人类还可以通过克隆自体器官避免排异反应，如培植新的皮肤、制造人造膝盖等。

克隆技术还可以应用于农业生产，如通过改良动植物基因状况或者复制基因，可以大大提高生产效率和优良品种的保存度，培育出抗虫、抗病、抗旱的农作物新品种。继兰花工厂繁殖成功后，快速繁殖开始用于重要的、经济价值高的作物新品种，如甘蔗、香蕉、柑橘、咖啡、玫瑰、郁金香、菊花、牡丹、康乃馨、桉树等。继马铃薯脱毒苗的研制成功后，又能生产草莓、葡萄、苹果、大蒜、胡萝卜、芹菜、枣树等大量无性繁殖植物的脱毒苗，并将其应用于生产。

在畜牧和濒危动物保护方面，克隆技术也可以给人类带来极大的好处。母马配公驴可以得到杂种优势特别强的动物——骡，然而骡不能繁殖后代，那么优良的骡如何扩大繁殖？最好的办法是“克隆”。我国的大熊猫是国宝，但自然交配成功率低，因此已濒临绝种。如何挽救这类珍稀动物？克隆为人类提供了切实可行的途径。目前，通过胚胎分割、胚胎细胞核移、胚胎干细胞核移植、胚胎嵌合等克隆技术，可以得到大量优质珍贵动物的“拷贝”，包括山羊、猪、牛、马、猴子等，并且还有种间嵌合体动物，像绵羊 - 山羊嵌合体、马 - 斑马嵌合体和牛 - 水牛嵌合体。

除此之外，克隆技术对于癌生物学、免疫学、人的寿命的研究等都具有不可低估的作用。不可否认，克隆羊的问世也引起了许多人对克隆人的兴趣。例如，有人在考虑，是否可用自己的细胞克隆成一个胚胎，在其成形前就冰冻起来。在将来的某一天，自身的某个器官出了问题时，就可从胚胎中取出这个器官进行培养，然后替换自己病变的器官，这也就是用克隆法为人类自身提供“配件”。

10. 动物乳腺变成动物制药厂

◎羊乳腺生物反应器

众所周知，人类及常见的牛、羊等动物都属于脊椎动物亚门哺乳纲。哺乳动物，顾名思义，这类动物都能通过乳腺分泌乳汁来哺育初生的幼体。雌性哺乳动物泌乳的过程中经过科学家的巧手改造，最终开发为动物乳腺生物反应器，使乳腺成为“生产车间”，从动物乳汁中源源不断地获取具有生物活性的基因工程产品，化身为动物制药厂。

鉴于很多药物，特别是具有复杂结构的蛋白质类药物不能通过传统的化学合成技术生产，随着 DNA 重组技术的问世，基于生物合成的基因工程制药经历了细菌基因工程、细胞基因工程和转基因动物 3 个发展阶段。动物乳腺生物反应器源于 20 世纪 80 年代的转基因动物研究。1985 年，洛弗尔 - 巴吉（R. Lovell-Badge）最早提出用转基因动物乳腺生产重组蛋白的思路。1987 年，戈登（K. Gordon）以人组织纤溶酶原激活剂（tPA）与小鼠乳清酸蛋白基因启动区构建成融合表达载体，研制出首例乳腺生物反应器小鼠模型。这以后，具有不同商业开发价值的兔、绵羊、山羊、牛的乳腺生物反应器相继建立。现在，转基因动物乳腺生物反应器已成为 21 世纪生物制药发展的重点方向之一。

◎牛乳腺生物反应器

乳腺生物反应器的基本原理是应用重组 DNA 技术将要表达的目的基因置于乳腺特异性调控序列之下，然后将融合基因表达载体通过显微注射等技术转入哺乳动物的受精卵或胚胎干细胞中，再植入宿主动物体中，当转基因动物个体长成后，从其乳汁中提取出具有生物活性的重组蛋白。利用乳腺生物反应器生产重组蛋白的优点很多：第一，哺乳动物的乳腺是高度分化的腺体，乳腺生产药用重组蛋白产量高、成本低、易提取；第二，动物的乳腺组织有能力对表达的蛋白质进行大规模复杂而专一的翻译后修饰，并且可以正确折叠成有功能的构象，所以生产出的药用蛋白质与天然蛋白质的活性完全一致；第三，乳腺是一个外分泌器官，乳汁不会进入体内循环，能有效地限制外源基因表达对转基因动物自身的损伤。

经过将近 30 年的发展，全球范围至少建立了 20 家以上的大型生物公司，并开展乳腺生物反应器的研发工作，主要集中于美国、英国、加拿大、法国和荷兰等发达国家。2006 年，重组人抗凝血酶III（商品名 ATryn）由美国 GTC 公司开发，利用山羊乳腺生物反应器生产，成为首个在欧洲药监局（EMEA）和 FDA 相继获准上市的生物工程药物，该药物作为血液中活性凝血因子中最重要的阻碍因子，控制着血液的凝固和纤维蛋白的溶解，它是凝血酶及 X Ⅱ α、X Ⅰ α、X Ⅰ α、Xα 等含丝氨酸蛋白酶的抑制剂，主要用于治疗先天性抗凝血酶缺失症。Pharming 公司开发的 Ruconest 是第二种获得 EMEA 批准的基因工程药物，用于治疗遗传学血管性水肿。其他公司也分别利用兔、山羊、绵羊等进行重组蛋白的表达，陆续有多种具有临床治疗价值的药用蛋白进入临床试验，如用于血友病治疗的人凝血因子Ⅶα、治疗肺纤维囊肿的抗胰蛋白酶，以及应用于外科创伤用途的血纤维蛋白原等。除了药物蛋白外，乳腺生物反应器还可以用来生产营养保健品，改善乳品质，如在牛乳腺中表达人乳铁蛋白（hLF），使牛奶营养成分更接近于人奶；敲除牛乳球蛋白基因，降低牛奶中乳球蛋白含量，减少乳糖不耐受症的发生等。

乳腺生物反应器因其独特的生理结构和发育特点，成为表达重组蛋白的理想应用平台，随着生物技术的不断发展，将会有越来越多的基因转入动物细胞，生产出更多的医药产品造福人类。

11. “黄金大米”带来微营养大健康

◎“黄金大米”

身体健康最基本的要求就是营养平衡，实现它说起来很简单，就是保证膳食的多样性和合理性，从日常饮食中就可以获得平衡的营养物质，不会造成营养不良的问题。但是不幸的是，世界上还有很多贫穷的地方，食物来源单一，也不可能进行适当的营养剂补充，所以被称为“隐形饥饿”的营养不良状况仍然非常普遍和严重，如维生素A缺乏症（VAD）就影响着全球大约2.5亿人口，在我国西南部贫困地区，维生素A、铁等缺乏比例高达50%，长期缺乏维生素A的人通常眼睛干涩，严重缺乏时会导致失明甚至死亡。

要解决大量人口的营养不良问题，科学家提出了“生物强化”的解决方案，就是应用生物技术手段，进行提高作物特定营养素含量的品种选育，长期以这种营养素强化的粮食作物为日常主食，那些原本营养不良的贫困人群的营养状况就会逐步得到改善，这种方法不会额外增加成本，也不依赖于某类营养素的分发渠道。

“黄金大米”（golden rice）的构想就是为了解决维生素 A 缺乏症而提出的。水稻是最重要的粮食作物之一，全世界有一半人口以水稻为主食，但稻谷中并不含有维生素 A，通过传统的杂交选育也无法得到高维生素 A 的品种，因此如果能通过生物技术手段提高水稻中的维生素 A 水平，就可以解决很大一部分维生素 A 缺乏问题。1984 年，苏黎世联邦理工学院的波特里科斯（I. Potrykus）教授开始研究把普通水稻变成富含维生素 A 水稻，经过多年努力，终于获得了能够表达维生素 A 的大米，由于大米呈现金黄色，被称为“黄金大米”。这项伟大的研究也使他入选目前在世的对生物技术贡献最大的 100 人之一。波特里科斯教授将来自细菌（欧文氏菌）和黄水仙中的 4 个维生素 A 合成相关基因导入水稻，使水稻中的维生素 A 含量从 0 提高到 1.6μg/g，这就是第一代“黄金大米”，于 2000 年问世，它的问世也证明了这条技术路线的可行性。但是第一代“黄金大米”还属于一种概念性大米，它的维生素 A 含量尚不能满足人类对维生素 A 的需求。2005 年，美国先正达生物技术公司通过转基因技术将来自玉米的胡萝卜素转化酶系统转入大米胚乳中，获得了第二代“黄金大米”，其富含的胡萝卜素在动物体内可以转化为维生素 A。与第一代“黄金大米”相比，第二代“黄金大米”的 β 胡萝卜素含量达到 37μg/g，增加了 20 多倍。这样，每人每天只要吃到 2 两[①]的大米就可以满足人体全天对维生素 A 的需求，这一目标的实现使这个产品具有了开发推广的实际价值。

“黄金大米”具有非常独特的优势。人体在食用“黄金大米”后首先吸收的是 β 胡萝卜素，然后人体将其转换为维生素 A。如果 β 胡萝卜素摄入过多，肝脏在合成足够数量的维生素 A 后便不再继续合成，因而不会造成维生素 A 中毒。多余的 β 胡萝卜素会以维生素 A 的形式储存在肝脏，还有一些不能转化为维生素 A 的则储存于皮下脂肪并使皮肤变成黄色，因而很容易被发现，这时减少用量，皮肤

① 1 两 =50g

黄色就会很快消退，不会对人体造成毒害，因此通过补充胡萝卜素以补充维生素A是世界公认的安全的补充维生素A的途径，这一点是直接补充维生素A制剂所不具备的。

但是，“黄金大米”的研究开发仍然受到了一些组织的质疑，认为“黄金大米”是大公司把持专利谋取商业利益的阴谋。二代“黄金大米”直接或间接涉及近百项专利技术的应用，为扫清专利障碍，先正达生物科技有限公司和洛克菲勒基金会联合成立了黄金大米人道主义委员会，先正达生物科技有限公司及其他拥有相关专利的企业、研究机构一起宣布放弃其所拥有的与“黄金大米”有关的专利权，“黄金大米”将无偿地提供给发展中国家的农民使用，并制定了相关条例。这让“黄金大米”真正成为一个集世界科学家智慧于一身的公益性成果，成为人们心中“一个世纪以来最伟大的发明之一”。

小知识

除了“黄金大米”以外，科学家还将β胡萝卜素合成相关基因转入水果中，获得营养改善的转基因水果，如乌干达的“超级香蕉”，就是通过基因工程手段提高了香蕉中β胡萝卜素的含量。不过由于该国缺乏相应的法律政策，这种转基因香蕉一直没有上市，希望他们早日完善转基因作物商业化的法律法规，使更多的失明儿童得到解救。

12. 环保高效的转植酸酶基因玉米

◎转植酸酶基因玉米

一万多年前，地球上还没有出现现代鸡、猪等家畜，也没有玉米等农作物，但是，它们的祖先——原鸡、野猪和类蜀黍却均已存在。

与现代三者的关系不同，那时候的原鸡和野猪还不会以玉米为食，并且它们都是杂食动物，既食动物性食物（主要是昆虫），又食植物性食物（包括多种植物的果实、种子、嫩叶甚至花瓣），营养来源比较多样，却从来不以类蜀黍为食，所以它们并没有进化出充分吸收禾本科植物籽粒营养的本领。人类驯化了鸡、猪之后，鸡、猪无法吸收禾本科植物营养的问题还是没有解决。

在哥伦布“发现”新大陆之后，将玉米带到了欧亚大陆。由于玉米产量高，价格低，人们很快发现，它的果实可作为优良的鸡饲料和猪饲料，经济实惠。可是，驯化后的鸡和猪仍然和原鸡、野猪一样，不能充分吸收植物中的营养成分，久而久之容易造成鸡和猪的营养不良。直到今天，鸡和猪的喂养也不能完全用玉米做饲料，最多也只占一半，再多就会引起不良反应甚至生病。原因之一是因为玉米虽富含糖类，但缺乏蛋白质和脂类，营养单一，不能满足家畜生长所需的全部营养；另一个主要原因是玉米中的磷都是以植酸的形式存在的，而鸡、猪等家畜只能吸收利用磷酸中的磷，不能吸收植酸中的磷，更麻烦的是，植酸还会与铁、锌等元素结合，影响鸡、猪对这些微量元素的吸收，成为一种“抗营养因子”。可见，植酸的不利影响还不仅仅在于造成鸡和猪的营养不良，在鸡和猪食用玉米之后，因为植酸很少被消化分解，所以多数会原封不动地随粪便排出，这些磷会被冲入河流、海洋等水体，使得水体富营养化，造成了环境中的磷污染。因为植酸这样一个物质的存在，带来了如此多的负面影响，科学家坐不住了，为此开始寻找解决的方案。

是否有办法将玉米中被植酸锁定的磷释放出来呢？通过研究发现，玉米种子在发芽的时候，会合成一种称为植酸酶的蛋白质，这种酶能把植酸分解成一分子的肌醇和六分子的磷酸，释放出可以利用的磷酸。于是科学家通过把一个外源的合成植酸酶的基因导入玉米基因组中，让植酸酶基因在玉米中直接表达成植酸酶来分解植酸，释放出可以利用的磷酸。由于用来做饲料的主要是玉米的籽粒，于是科学家找到了只在玉米胚乳中特异表达的启动子，将它连同植酸酶基因一同转入玉米，就可以让植酸酶基因在胚乳中表达，这种玉米的籽粒中就含有大量植酸酶，即使加工成饲料后植酸酶也会保留大部分活性，这样一来，鸡或猪吃下去之后，这些植酸酶在胃中就可以把植酸水解，释放出可供鸡和猪直接吸收利用的磷酸，大大提高了磷的利用率。这样不仅节省了成本，又增进了家畜对铁、锌等矿物质元素的吸收，还有效地减少了粪便对环境造成的污染，可谓一箭三雕。这种转植酸酶基因玉米于 2009 年获得了安全证书，希望它能尽快推广应用，为发展绿色养殖业做出贡献。

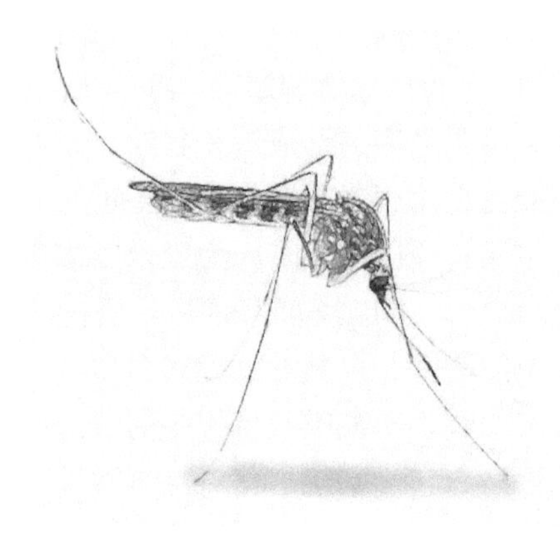

13. 转基因蚊子以毒攻毒

◎转基因蚊子

蚊子是大名鼎鼎的四害之一，它的生命周期不长，雌蚊为 3 ～ 100 天，需要通过吸食人类或动物的血液来促进卵的成熟；雄蚊只有 10～20 天，主要以花蜜和植物汁液为食。蚊子本身不产生病毒等病源，但它能够携带病源传播疾病，危害很大。

蚊媒传染病主要可分为两类，一类是寄生虫病，最常见的就是疟疾，俗称打摆子，由单细胞生物疟原虫感染所致；另一类是病毒病，主要包括登革热（dengue fever）、黄热病（yellow fever）和基孔肯雅热（chikungunya fever）等，多在热带和亚热带地区流行，这类疾病由黄病毒属的病毒感染造成，2014 ～ 2015 年在加勒比海岸大规模流行的寨卡病毒（Zika virus）也属于黄病毒属，是一种单链 RNA 病毒。

蚊子的种类繁多，最常见的是库蚊（*Culex*），俗称家蚊，喜欢在室内或居室附近活动，数量最多；传播疟疾的是按蚊（*Anopheles*），俗称疟蚊，喜欢夜晚出没，在黎明前叮咬攻击人体；还有一种是伊蚊（*Aedes*），俗称花脚蚊，叮人凶猛，是传播登革热等传染病的蚊种。

由于蚊媒传染病流行广、危害大，长久以来，人类一直在与蚊子进行着不懈的抗争，其中防蚊、灭蚊从而切断传播途径就是控制蚊媒传染病流行的重要手段。从古至今，人们为对付蚊子等飞虫，发明了苍蝇拍、蚊香、诱虫灯和杀虫剂等，而最近科学家有了新想法，用最先进的转基因技术改造蚊子，通过以毒攻毒改善或消除登革热等传染病的流行。

2009 年，科学家开发了带有“死亡开关”基因的转基因雄性蚊子。该技术被称为“昆虫显性致死释放”（release of insects carrying a dominant lethal，RIDL），就是先在体外构建一个复合转座子元件（transposons with armed cassettes，TAC），其中包括一个由四环素控制的特异启动子，由它驱动一个显性致死基因，另外还包括转录激活域和荧光标记基因等，在昆虫转座子的引导下，将 TAC 插入蚊子基因组，形成转基因蚊子。在实验室条件下，由于有四环素存在，致死基因不表达，大量培育的转基因雄性蚊子释放到自然环境，这些蚊子在野外繁殖后代，它们的后代会继承“死亡开关”基因，但是由于自然环境中缺乏四环素类抗生素而死去。流行病学研究证实，这种转基因蚊子能够有效控制蚊媒传染病的传播，已经在马来西亚、巴西、巴拿马和印度等国进行了野外释放，野生蚊子种群数量得到控制，有效防止了登革热等传染病的传播。

转基因蚊子释放前已经通过了严格的安全性评估。一方面，野外释放项目只释放雄蚊，而雄蚊并不叮咬人，其后代则会在 TAC 作用下死亡，因此转基因品系不会与人类接触。另外，转基因蚊子插入基因时采用昆虫特异转座子，不会对蚊子的交配等其他性状产生影响，转基因蚊子只会与同类交配，不会将 TAC 传递给非目标种群，也不会在昆虫之间发生水平传播。另一方面，在生态系统中，转基因蚊子被天敌捕食后，其体内引入的致死基因及标记基因所表达的蛋白质对天敌无毒性和过敏性，也不会转移到天敌体内，因此不会影响到生态链。

除了 RIDL 技术外，科学家还在不断进行新的尝试。2011 年，澳大利亚莫纳什大学的教授奥尼尔（S. O’Neill）发现了一种昆虫细菌，可以阻止埃及伊蚊向人类传播登革热。巴西科学家利用这种称为沃巴克氏菌（*Wolbachia*）的细菌感染雄蚊，其与不带细菌的雌蚊进行交配受精后，受精卵不会发育为幼虫，这样就达到了防止病毒在蚊子种群中扩散的目的。除此之外，耶鲁大学的研究人员还利用传统方式选择性地培育出了一组不能传播致命疾病的蚊子。

14. 转基因给作物添“油水”

◎转基因大豆

油酸（oleic acid，OA），是一种单不饱和脂肪酸，以油脂的形式存在于动植物中，在人体的脂类代谢中能降低有害胆固醇，保持有益胆固醇，减缓动脉粥样硬化，有效预防冠心病等心血管疾病的发生，被营养学界称为“安全脂肪酸”，在种子中它还调配着其他脂肪酸的组成和比例，可以说，油酸在人类健康中发挥着重要作用。但是，人体自身合成的油酸是有限的，不能满足机体的健康需要，因此，需要从摄入的食物中来获取更多的油酸。

油酸的含量多少，是评定食用油品质的重要标志。一般情况下，植物中所含油酸要比动物中的高，并且还含有丰富的天然维生素，往往成为人们食用油的首选，通过食用大豆油、花生油、橄榄油等不同品种的油脂就可以轻松获得油酸。在众多食用油中，大豆油是最常用油之一，较其他油脂营养价值高，易加工，耐贮存。但是，大豆油因含有亚油酸等不饱和脂肪酸，在烹饪和贮存过程中极易被氧化，油的味道和品质都会大打折扣。提高食用油中油酸含量且降低其亚油酸含量势在必行。

目前，高油酸作物的遗传育种方法有多种：杂交育种、诱变育种、基因工程育种等。其中，常规的育种方法都存在工作量大、周期长、效率低的问题，很难在一定时间内获得高产优质的作物新品种（品系），而基因工程育种则可以避免这些问题，是育种家的首选。

植物体内的 Δ12- 脂肪酸脱氢酶 [delta(12)-fatty acid dehydrogenase，FAD2] 又称油酸脱氢酶，是调节膜脂不饱和脂肪酸的组成、不饱和度等生理生化特性的重要物质。而 Δ12- 脂肪酸脱氢酶基因 *fad2* 是控制油酸向亚油酸转化的关键基因，直接决定种子中多不饱和脂肪酸的含量与比例。在此基础上，科学家通过基因工程对油料作物进行设计，创造出新的富含油酸的农作物来提高作物产油量，提高其食用品质。目前，已经在多种植物、动物、藻类、真菌和细菌中分离得到了 *fad2* 基因，如拟南芥、各种油菜、白菜、大豆和向日葵等，将其转到需要获取油酸的植物中，提高油酸含量。

美国杜邦公司通过正义编码 Δ12- 脂肪酸脱氢酶基因 *Gmfad2-1* 的表达，使大豆内源 *fad2* 基因沉默，降低了油酸脱氢酶的活性，阻断了油酸脱氢合成亚油酸的途径，从而使油酸含量大大提高，由原来的 21% 升至 76.5%，同时亚油酸的含量也显著降低，大豆的品质和食用价值得到提高。美国农业部于 2010 年批准了一种被称为 Plenish 的高油酸大豆在美国种植。我国也已批准转基因大豆可以进口，但是目前还没有进行种植。

基因技术给作物育种带来了不可估量的红利，最终受益的人类还将会生产出更多的新产品。

小知识

除了转基因大豆外，科学家还将编码脂肪酸脱氢酶的基因转入其他油料作物及动物体内，获得了高油酸生物体。例如，将其转入油菜，使内源油酸脱氢酶基因沉默，获得油酸含量提高的转基因野芥菜和甘蓝型油菜；利用 dsRNA 基因沉默技术诱导棉花种子中的 *fad2-1* 基因沉默，成功地将棉籽油的油酸含量由 15% 提高到 75% 以上；人工诱导使向日葵的 Δ12- 脂肪酸脱氢酶基因发生突变，葵花籽油的油酸含量从 20% 分别上升到 60%（单基因突变体）和 80%（双基因突变体），其脂肪酸的组分和高价值的橄榄油不相上下；将菠菜 Δ12- 脂肪酸脱氢酶基因转入猪体内，转基因猪脂肪组织中油酸含量为野生型猪的 10 倍，白脂肪组织中油酸含量为野生型猪的 20 倍，并且第一代和第二代转基因猪都能正常生长。

15.

基因技术创造绚丽多彩花卉世界

◎蓝玫瑰

大自然中各种色彩斑斓的花卉给人们带来惊艳新奇的视觉享受的同时，也美化了环境，装点了生活。而花色是观赏植物最重要的特性之一，千变万化的花色是由花瓣的色素层决定的。尽管自然界中的花卉色彩缤纷，但是某些花只有少数几种甚至一种花色，科学家对此非常好奇，试图对花色进行改良，创造出自然界没有的花色。

蓝色会带来一种梦幻般的感觉，使人们对之追求不已，但遗憾的是，很多花卉都没有蓝色品种，如代表着浪漫爱情的玫瑰花就没有蓝玫瑰。玫瑰已经有 5000 年的栽培历史，迄今也培育出了 2500 多个品种，但一直没有开发出蓝玫瑰。通过品种杂交获得的蓝色玫瑰花，只是抑制了红色素的产生，使花瓣的颜色接近蓝色，实际并不含蓝色色素，所以并不能称为真正的蓝玫瑰。

蓝色花瓣中的蓝色是怎么产生的呢？当然由基因决定。研究发现，植物中的类黄酮 3′5′- 羟基化酶基因（*F3′5′H*）就是蓝色基因，它是植物体内合成 3′5′- 羟基花色素苷的关键酶基因，调控蓝色花形成所需色素——飞燕草色素的合成，从而使花色呈现蓝色。这种基因已经从许多种具有蓝色花色的植物中分离得到，如矮牵牛、瓜叶菊、紫罗兰、三色堇等，将其转入无法产生蓝色色素的花卉中，就可以培育出转基因蓝色花卉。经过 20 年的努力，日本科学家利用基因工程将三色堇和鸢尾中的两个蓝色色素合成基因 *F3′5′H* 转入玫瑰中，于 2009 年培育出了真正含有蓝色色素的蓝玫瑰。另外，科

学家还将矮牵牛的 *F3'5'H* 基因转入 hf1hf1hf12hf2 基因型的矮牵牛中，获得了颜色加重的蓝色矮牵牛；将三色堇的 *F3'5'H* 基因转入蝴蝶兰，解决了蝴蝶兰中缺乏珍贵蓝色品种的缺陷。除此之外，还有蓝色百合花、蓝色康乃馨、蓝色月季等多种名贵花卉。现在，蓝色康乃馨已在日本和澳大利亚上市，蓝色玫瑰在美国、日本、加拿大上市。

在花卉的颜色改良方面，科学家还克隆了其他多个与颜色相关的花卉基因，并将其转入各种花卉，使其呈现出不同颜色。1987 年，科学家将玉米色素合成中的还原酶基因导入矮牵牛花，获得一种全新的砖红色矮牵牛；随后，荷兰科学家在红色矮牵牛花中插入苯基乙烯酮合成酶的反义 RNA，获得了纯白色和颜色变浅且有色与无色相间的两种矮牵牛花；应用同样方法，他们还将粉色菊花变成了白色菊花。

随着对色素的合成与调控的认识越来越深入，对花色改良的育种策略也越来越丰富。最常见的有通过反义 RNA 技术或核酶降解靶基因的方式抑制色素生物合成基因的活性，积累不同的中间产物，从而呈现不同的花色；而对于多拷贝基因部分抑制，可以产生花色变浅的效果；对于那些完全缺乏某些颜色的花卉品种，则需要引入新的色素合成基因或者调控因子，获得相应的花色。

花卉改良不仅体现在颜色方面，还包括花的形状、香味、保鲜期等多方面性状。英国科学家向金鱼草和兰花转入一种基因，使花朵不再呈辐射状对称，具有了新的特殊形状；生物学家皮斯用发根农杆菌转化柠檬天竺葵，发现转化植株中芳香族物质有显著提高，花朵散发出迷人的甜香味；澳大利亚科学家在香石竹上转入氨基环丙烷羧酸（ACC）氧化酶合成基因的反义 RNA，培育出的香石竹新品种保鲜期延长了两倍；日本科学家在蝴蝶兰体内植入海洋浮游生物的荧光蛋白，获得了在紫外线下会发光的花朵。可见，基因技术带给花卉育种全新的变革，并将给予人类无穷无尽的视觉享受。

16. 让水稻来造血

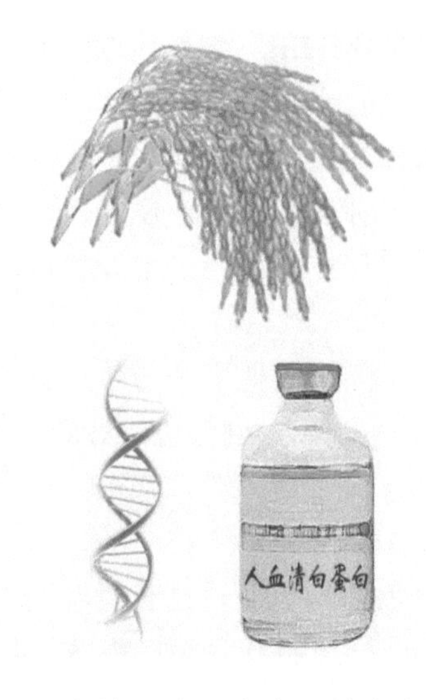

◎转基因水稻表达重组人血清白蛋白

人的血液里含有一种人血清白蛋白（human serum albumin，HSA），许多营养物质都是通过它运输的，除此之外，它还能维持血液的渗透压，对生命过程的维持具有重要意义，健康人体中人血清白蛋白占血液总量的30%。在临床上，人血清白蛋白是重要的血浆替代物，广泛应用于出血性休克、烧伤、癌症、红白细胞增多症、白蛋白过少症等的治疗。但是如果仅靠从血浆中提取，很难满足每年临床应用的需求，一方面血浆来源有限，长期供应不足；另一方面血浆来源的人血清白蛋白还存在传染病毒（如艾滋病病毒和肝炎病毒等）的风险。各国科学家一直在努力寻找一种不依赖血浆、安全廉价的重组人血清白蛋白（recombinant human serum albumin，rHSA）的技术。自1987年开始，科学家在细菌、酵母、动物细胞和植物等宿主中进行了大量的探索和尝试，并取得了一定的进展，但细菌、酵母、动物细胞在表达重组HSA及其生产应用上各有缺陷。

水稻是全世界最重要的粮食作物之一，从栽培到育种有上千年的研究。随着生命科学的发展，科学家发现水稻是一种非常好的植物生物反应器。水稻的胚乳细胞具有完整的真核细胞蛋白质加工体系，重组蛋白质的翻译、折叠和修饰都与哺乳细胞十分相近，并且水稻种子繁殖系数高达1000倍以上，获得大量的蛋白质只需扩大水稻种植面积，而且容易储藏。

让水稻来造血，这是以往人们不敢想象的事，但是通过现代生物技术的帮助，这样的“神话”实现了！实现它的是武汉大学的杨代常教授。他领衔的科研团队建立了水稻胚乳细胞生物反应器技术平台，于 2012 年培育出能够高效表达 rHSA 的转基因水稻品种，每千克水稻种子能提取纯化获得大约 2.75g rHSA，按照现在的水稻产量估算，1 亩（约 666.7m^2）水稻产出的 rHSA 相当于 150 ～ 200 人的献血量。而且经实验证明，这种植物源 rHSA 和来自人血浆的 HSA 在化学、物理特性、医学及免疫反应中的表现等方面几乎是等同的。如果实现规模化生产，水稻提取人血清白蛋白将逐步取代血浆，大大缓解血荒。

对于稻米合成人血清白蛋白的原理，简单来说，是将水稻胚乳作为一个蛋白质合成工厂，将人血清白蛋白的基因转入水稻基因组，并且调控它特异性地在水稻胚乳中表达，随着水稻的生长，在水稻种子的胚乳中不断合成积累人血清白蛋白，待到水稻成熟，就可以从种子中大量提取人血清白蛋白了。

这一成果克服了酵母体系表达 rHSA 因结构不均一性和复杂糖结构引起的热稳定性差与免疫反应等问题，具有表达量高、成本低、安全性好、规模化容易、绿色环保等优势。可以说，水稻是目前最好的重组蛋白的“工厂”之一。此项技术的研究成功为我国蛋白药物的生产开辟了一条新途径，对传统的医药蛋白生产体系产生了革命性的影响。除了 rHSA 外，现在利用水稻还实现了重组人碱性成纤维生长因子、重组人乳铁蛋白、重组人胰岛素生长因子 -1、重组人抗胰蛋白酶、重组人表皮生长因子等多种蛋白药物的表达，成为生物医药的重要发展方向。

用水稻“种出”HSA 涉及了转基因技术，有人担心这种稻米会危及生态环境和人身安全。科学家在研发过程中严格依据生物安全性评价的要求，采取措施控制花粉传播，并进行严格的地理隔离绝对地保障安全，防止其意外进入食物链。另外，转基因水稻产生的 rHSA 是经高度纯化后产生的重组人体蛋白质，根据应用要求，同其他方式产生的蛋白质一样通过药品或生物制品的严格监管，其应用不会对人体和食品安全产生其他影响。

17.

全基因组选择育种提高繁育率

◎少落粒的水稻

全基因组选择（genome-wide selection，GWS）育种是继杂交育种、分子标记辅助育种之后发展起来的第三代育种技术。该技术最早由默维森（Meuwissen）等于2001年提出，主要是基于全基因组中大量的分子标记，参照表型数据，建立数据模型，估算每一个分子标记的育种值，从而对后代个体进行遗传评估和选择。随着大量动植物的基因组序列图谱完成或即将完成，使得全基因组选择成为可能，至2006年该技术已成为育种领域的研究热门和重要方法。

纵观育种技术的发展，动植物育种在朝着快速、高效、准确、定向的目标前进，全基因组选择育种可以实现早期选种、缩短世代间隔，具有不可比拟的优势，一是可以同时进行多个性状的选择，显著提高育种效率；二是可以覆盖多基因、多效应因子、低遗传力的性状分析，提高选择准确度；三是随着技术的发展和数据量的不断丰富，育种成本大大降低。目前，全基因组选择在鉴定关键基因功能研究和育种领域都取得了很大进展。

水稻作为世界上的主要粮食类食物，是从野生杂草发育而来的。野生杂草的谷粒成熟后自然脱落，所以谷物早期进化的必要阶段是选择成熟后不落粒的植物，以达到有效收获的目的。这种选择进程并不一定是有意识的，因为早落粒的植物有较好的机会被收获并在下一年被种植。因此，在人为选择下不落粒等位基因的频率增大并最终代替落粒的等位基因。而容易落粒是导致水稻减产的主要因素之一，降低水稻的落粒性一直是水稻驯化过程中的首选目标之一。

水稻的全基因组分析主要围绕探究育种历史、鉴定遗传变异相关性基因、改进分析方法与提高分析准确度等方面展开。水稻落粒性是由多基因控制或由少数主效基因和多个微效基因共同控制的数量性状，在水稻中已经克隆出 4 个控制落粒性的基因或主效数量性状基因座（QTL），包括 *SH4*、*qSH1*、*OsCPL1*、*SHAT1*。其中 *SH4* 是第一个被鉴定的控制作物落粒的数量性状主效基因。科学家每发现一个落粒的控制基因位点，只要把这个片段替换掉，其落粒基因就会得到改善，将来的增产潜力就逐步发挥出来。运用分子育种技术做这个工作，5 ～ 6 个生长世代、两年的时间就完成了。它的基因组 99% 跟原来是一样的，仅仅是某个基因的一个小片段被替换掉了，在改善了落粒性的同时，还能够完全保持原来品种的其他优良性状。

另外，青山羊的高繁系也是通过全基因组育种方法来获得的。科学家确定了与高繁殖力相关的 44 个位点。在此基础上，把青山羊的种群繁殖率从 290% 提高到了 410%，这是目前全世界最高的青山羊繁殖率。

◎高繁殖力的青山羊

此外，鸡、奶牛等动物品种的选育也同样应用了全基因组选择技术。抗病性一般认为属于遗传力低的性状，传统方法选育效率很低。将全基因组选择技术应用于鸡新城疫病毒和禽流感病毒抗体反应的研究中，预测准确率提高了 2 ～ 4 倍，表明该技术可以有效地针对新城疫和禽流感进行抗性选育。全基因组选择应用的性状几乎包含了目前奶牛育种目标中的所有性状。

作为近几年才发展起来的新技术，全基因组育种将在生物育种方面发挥不可估量的作用，随着拟南芥、水稻、玉米等模式植物全基因组测序的完成，开发出了大量种类丰富且廉价的核苷酸多态性标记（SNP 标记），植物基因组学研究呈现出向复杂数量性状转移的趋势。

18.
转基因三文鱼生长更快

◎转基因三文鱼

三文鱼鳞小刺少，肉质鲜美，是常见的西餐烹调原料和日式料理中的生食鱼类，深受人们的喜爱。由于富含优质蛋白和 ω-3 系列不饱和脂肪酸，它也是制备鱼油的重要原料。野生三文鱼主产于大西洋和太平洋的北部，由于资源有限，为确保三文鱼种群的繁衍，每年允许的捕捞总量都有配额限制，不超过鱼群总量的 15%。为了缓解市场需求，人工养殖也在广泛开展。

为了应对突出的供求矛盾，美国水恩科技公司（AquaBounty Technologies）的研究人员对大西洋三文鱼进行了基因改造。研究人员在大西洋三文鱼的受精卵中植入从奇努克三文鱼体内提取的生长激素基因序列，以及从大洋鳕鱼体内提取的抗冻蛋白基因启动子序列，由此获得的转基因三文鱼被命名为 AquAdvantage 三文鱼。

引入的序列是经过精心挑选的。奇努克三文鱼体内的生长激素从分子结构来看和大西洋三文鱼相同，但调节机制有细微差异，使得它成为鲑鱼家族中体型最大的一种；大洋鳕鱼体内含有抗冻蛋白，因此可以在接近冰封的海域生存。在大洋鳕鱼抗冻蛋白启动子的驱动下，奇努克三文鱼的生长激素基因可以在低温环境一直表达，因此引入上述两个基因片段的 AquAdvantage 三文鱼就可以在冬季寒冷环境下持续生长，生长速度加快一倍，生长周期缩短到一年半。而普通大西洋三文鱼通常只会在春夏季节相对温暖的水流中发育成长，生长期长达三年。

AquAdvantage 三文鱼已研发出来 20 余年，自 1995 年起开始向 FDA 申请商业化许可，由于没有转基因动物的审批先例，转基因三文鱼的评估过程漫长而谨慎，2010 年 FDA 完成了对这种产品的食品安全评估，2012 年底发布了环境影响声明，最终 AquAdvantage 三文鱼在 2015 年 11 月获得了上市批准，成为第一种在美国获得食用许可的基因改造动物产品。

公众、相关经济实体对转基因三文鱼的面世提出了安全担忧：这种三文鱼体内是否会产生抗冻蛋白和过高的生长激素，而对人体产生影响？它比普通三文鱼生长更加快速，是否会在交配方面更有优势或者比野生三文鱼更有竞争优势？它如果进入野生环境，会不会给野生三文鱼带来灭绝的风险？科学研究及严格的评估结果都表明，AquAdvantage 三文鱼不会产生抗冻蛋白，它只应用了抗冻蛋白的启动子。转入的生长激素基因仅使转基因三文鱼在幼年时生长迅速，但成熟后的个体大小并未增大，成鱼体内的生长激素含量与普通三文鱼一样并没有增高，鱼肉中的营养成分与普通三文鱼并无差别。另外，转基因三文鱼在研制之初就确定只让那些不孕的雌性转基因三文鱼进入市场。由于这种三文鱼并不会繁殖产生后代，因而并不会有基因流向野生三文鱼。而且养殖三文鱼在自然环境中的生存能力远远低于野生三文鱼。作为更进一步的预防手段，AquAdvantage 三文鱼仅在那些封闭式的设施中专门饲养。

转基因三文鱼获得上市批准后，第一批产品目前还在养殖中，让我们对其市场反应拭目以待吧！

19. 基因编辑防褐化

转基因苹果◎

俗话说：一日一苹果，医生远离我。苹果在水果界可算是四大水果（苹果、葡萄、柑橘、香蕉）之冠，几乎人人喜食，它口感鲜美，营养丰富，色香味俱全，同时还具有良好的保健功能。但是在日常生

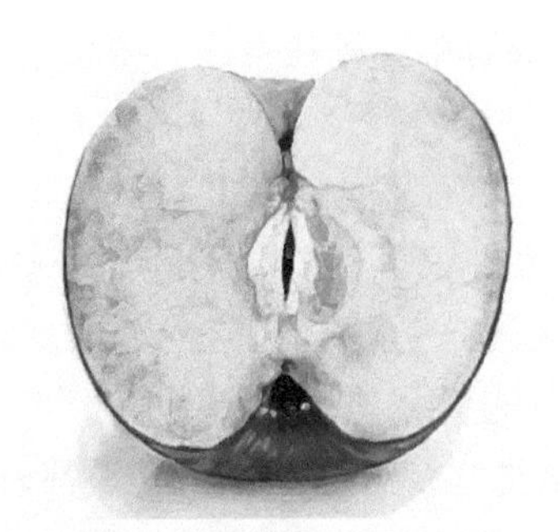
◎切开后褐化的苹果

活中，当我们把一个完好无损的苹果切开后，一会儿果肉就会变成锈红色，化学上将这一现象称为褐化，属于一种正常的氧化反应。但是这种变化不仅影响了苹果的美观，还降低了其口感，让人们很无奈。

苹果为什么会出现褐化现象呢？这是因为在苹果中含有一类称为多酚氧化酶（PPO）的物质，而这种物质在自然界分布极其广泛，植物、真菌和昆虫的细胞中均有。在健康的植物细胞中，多酚和多酚氧化酶是不相往来的两类物质，一个住在液泡中，一个住在类囊体中，当细胞受到损伤时，两种物质会发生结合，在 PPO 的强烈催化下，多酚类物质和氧气迅速结合，这时果肉就出现了色变。不止苹果，变色现象还存在于很多果蔬中，如香蕉、桃子、梨、莲藕、土豆等，它们的洁白之躯都会因为褐化而穿上棕色外套，让人食欲顿失。

如何让苹果避免褐化？最简单的方法就是隔绝氧气，如刚刚切开的苹果马上用保鲜膜封住切口，或者泡在盐水里，这样可以大大减少苹果与氧气的接触程度。但是，这些方法似乎都有点麻烦，要想随时随地完全对抗氧气的干扰，并非易事，况且经过泡水，苹果的口感必然大打折扣。另外就是降低多酚类物质的含量，这个做法实现起来比较困难，因为在植物体内，产生这种物质的反应实在是太多了，并且这种物质还会在其他生理过程中扮演重要角色，如果完全将其剔除，后果很难预料。最彻底的方法就是使 PPO 失去活性，如通过加热将莲藕或者土豆汆烫在 100℃的沸水中几十秒就可以使多酚氧化酶失活。但是对于水果来说，这种方法似乎也不可取。终于，科学家想出了一个最根本的办法，他们利用一种被称为 RNA 干扰（RNAi）的基因工程技术使得苹果中的多酚氧化酶基因沉默，从而使果实中的 PPO 产生量或者活性降低，减少酶促反应的发生，减轻褐化现象的发生。可见，通过基因改造的苹果具有了抗褐化的能力。这种苹果已经于 2015 年在美国上市。

除此之外，很多植物的多酚氧化酶基因已相继被克隆出来，并且发现多酚氧化酶基因大多属于一个基因家族，如马铃薯中有 6 个、番茄中有 7 个、香蕉中至少有 4 个、葡萄藤中仅有 1 个、白蘑菇中也已有 6 个多酚氧化酶基因。目前，还成功地通过基因编辑技术获得了延迟褐化的白蘑菇。

基因编辑这种新的生物技术能定向改变基因的组成和结构，具有高效、可控和定向等特点，为基因定点突变、修复或替换等带来了极大的便利，也为高通量大规模的基因功能研究、快速精准的新品种培育、生物学研究及医学治疗领域带来革命性的变化。基因编辑技术在 2014 年被评为全球十大突破性科学技术，2015 年又获得了生命科学突破奖。也许在不久的将来，我们可以看到更多抗褐化的水果和蔬菜新品种，同时也可以期待它应用于基因治疗的潜力为人类带来更多福利。

20. 菠萝也有少女心

粉心菠萝◎

菠萝，又称凤梨，是一种常见的热带水果。它富含蛋白质、糖类、维生素等营养物质，尤其是维生素 C 的含量极高，对人体非常有益，并有清热解暑、生津止渴的功效，是人们日常食用较多的一种水果。

平时见到的菠萝都是表皮橘黄色、果肉黄色的类型，它营养丰富，有益健康。不过，科学家似乎并不满足于现状，他们将菠萝进行了一番改造，使新型菠萝不仅拥有了更多的营养，还出现了不同的颜色，这就是粉心菠萝，它们头戴绿冠，却一袭粉衣，连果肉也是粉色的，不仅颜值高，甜度增加，口感好，营养价值还不赖，可谓少女心菠萝，并且这种菠萝已在美国上市。

普通菠萝的果肉呈现黄色主要是其中含有的β胡萝卜素比较多，菠萝中有一种酶可以将红色的番茄红素转化为黄色的β胡萝卜素，所以使果肉呈现出黄色，粉心菠萝是利用转基因技术降低了菠萝果实中这种酶的水平，使得菠萝果肉中的番茄红素大量积累，果肉变成粉红色。番茄红素普遍存在于番茄、西瓜等红色系的蔬菜水果中，是使它们呈现红色的主要原因。从营养角度来看，番茄红素是自然界植物中发现的抗氧化能力最强的物质之一，其抗氧化能力远远高于胡萝卜素、维生素，因此粉心菠萝比黄心菠萝具有较高的抗癌、保护心血管及防治多种疾病的功效。

转基因粉心菠萝是由美国德尔蒙食品公司开发的，经FDA评价，其安全性和营养性与普通菠萝一样甚至更高，于2016年12月14日在美国批准上市，标签也是少女心十足——“特甜粉心菠萝”。真的是好看又好吃，相信不久的将来它也会漂洋过海被更多的国人享用到。

小知识

科学家研究出了哪些转基因水果呢？通过查阅文献，我们发现，科学家正在研发的转基因水果不胜枚举，研究成功的水果种类就有10余种，如柑橘、苹果、香蕉、樱桃、葡萄、猕猴桃、杏、欧洲李、西瓜、梨、番木瓜、草莓等，转入的性状有延缓成熟、保持新鲜、抗病抗虫抗逆、抗除草剂、品质改良、提高营养、改善水果风味等。

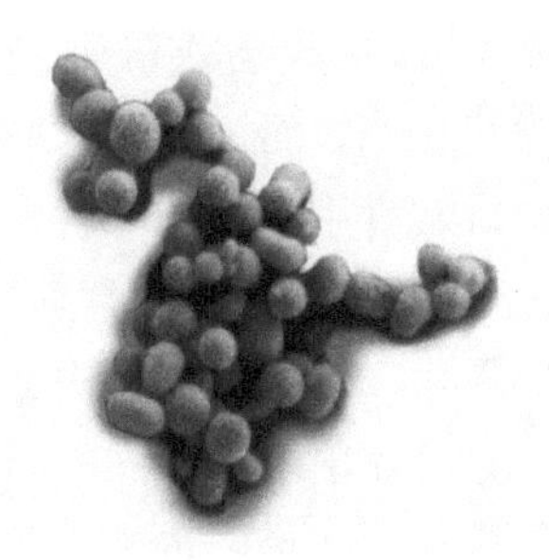

21. 人工合成微生物问世

◎人工合成细菌

当辛西娅（Synthia）顶着“人造生命”的光环进入人们的视野时，世界沸腾了。分子克隆技术问世40年后，科学家仿佛终于扮演了一回上帝的角色，构造出从未存在过的生命形式，让生命从“克隆”走向了“创造”。

辛西娅是一种人工合成细菌。2016年3月25日出版的《科学》(*Science*)杂志中，由基因组测序先驱美国科学家文特尔（C. Venter）率领的研究团队称，他们设计并制造出一种在自由生物体中能够自我复制（分裂和增殖）并具有最小基因组及最少基因的细菌，它就是Syn 3.0，被称为“最小化合成细菌细胞”。

“最小化合成细菌细胞”Syn经历了从Syn 1.0到Syn 3.0的创造历程。Syn1.0是首个用化学物质从零合成出的脱氧核糖核酸（DNA）构成的活细菌，它的基因组有901个基因。为了适应不同的环境变化，细菌通常会携带很多具备不同功能的基因来应对。例如，大肠杆菌就有大约4000个基因，这些基因的功能或大相径庭，或十分相似，但是相互影响，协同发挥作用。相对来说，辛西娅的基因组已经很小，但是，与自然界中可自我复制的生殖支原体（*Mycoplasma genitalium*）细胞相比，辛西娅基因组还不是最小的。

为了得到一个能够支持辛西娅生存的最小基因，科学家开始进一步对基因组做简化，首先将Syn1.0分割成8段，删除这几个片段上所有的非必需基因，得到新的精简基因组。然后，依次用精简过的基因组片段置换对应的Syn版，检查是否能够得到具有稳定遗传功能的基因组。经过比较，他们找到了精简过的基因组中有哪些基因是被误删的必需基因。按照这样的思路，很快得到了Syn2.0版基因组。跟Syn1.0相比，Syn2.0“精简”了几乎一半，携带的基因只有512个，比生殖支原体的基因组还小。至此，“人造生命”辛西娅2.0成为拥有最小基因组、可以自行繁殖的细胞。

文特尔和他的同事并没有满足于Syn2.0取得的成果，他们又做了更进一步的精简，将曾经被分类为“半必需”的基因在新的遗传背景下变成非必需基因并删除。最终，他们成功得到了一个仅仅含有473个基因的Syn3.0。相比之下，人类的基因数量超过2万个。作为“生命建筑工程师”的文特尔找寻到了“生命的基石”，用最少的砖石瓦砾搭建了一座“生命的房屋”。

Syn3.0只包括生命所需的最少量基因，能够代谢营养物质并完成自我复制。科学家最初创造Syn3.0的直接目标是为了更好地理解生命的基本生化机制，但它的出现也使得为了特定任务（如清除石油）而定制基因组的合成生物体成为可能。科学家表示，Syn3.0有望提供一个平台，供合成生物学家加入有特定用途的基因，如生产药品或生物燃料的基因。他们认为，这是生命科学领域的突破性进展，将有助于推进对生命奥秘的认知。在此之后，他们还在创造更简版的辛西娅4.0，并且正努力找出这些基因的功能。

22. 两母一父三亲宝宝的诞生

◎三亲宝宝家庭

自然界中绝大部分的生命繁衍都是通过父本和母本的结合而生殖下一代的，偶尔也有孤雌生殖的案例，现如今又多了一种类型，利用科技手段两母一父共同繁衍了下一代。人类99.8%的基因来自父母双方，但有一小部分线粒体基因完全来自母方。如果母方的这部分基因中存在缺陷（如身患肌肉萎缩症），就会将其遗传给下一代，导致疾病产生。科学家通过借助第三方的线粒体健康基因来修补母方基因中的缺陷，从而帮助下一代规避遗传疾病，也就是说，把母亲、父亲和捐赠者三个人的细胞结合到一起，而捐赠者的基因只占其中一小部分，但是却起到重要作用。通过细胞核移植的方法，将缺陷卵子中的细胞核移植到去除细胞核的健康卵细胞中，然后再与父本的精子结合成为受精卵，最后发育成婴儿。该婴儿就同时拥有一个父亲与两个母亲的遗传物质，即“三亲宝宝”。

一对来自中东的父母，由于母亲的四分之一线粒体携带有亚急性坏死性脑病的基因，曾经 4 次流产，之前生下的两个小孩也因这种遗传疾病而死亡。来自美国纽约市新希望生殖诊所医生张进通过“三父母”技术，即利用捐赠者卵子的健康线粒体替换有缺陷的线粒体，再实施体外受精，最终获得拥有三亲遗传物质的婴儿。他利用这种方法培养了 5 个胚胎，将其中一个发育正常的胚胎植入母亲体内，男婴顺利出生，并且健康状况良好。在英国，每 6500 个儿童中就有 1 个身患遗传性疾病，每年约有 10 例英国患者希望采用“线粒体替换”疗法，借助第三方 DNA 修复女方受损的基因，避免将心脏、肌肉和大脑疾病遗传给下一代。为此，2015 年 10 月，英国通过立法成为允许培育具有两个基因母亲和一个基因父亲的婴儿的第一个国家。

“三亲婴儿”培育技术能在不改变孩子外貌的情况下让其获得更加健康的身体，可以说是一些遗传病患者夫妇的福音，身患线粒体遗传疾病的女性将因此获得更多生育选择和机会。不过，从伦理方面来讲，这项新技术也引起了很大争议，如“三亲宝宝”会如何看待自己有三个人的基因，还有人认为医生的这种做法很不负责任。虽然英国政府已经通过相关法律，允许患有线粒体疾病的夫妻通过“三人体

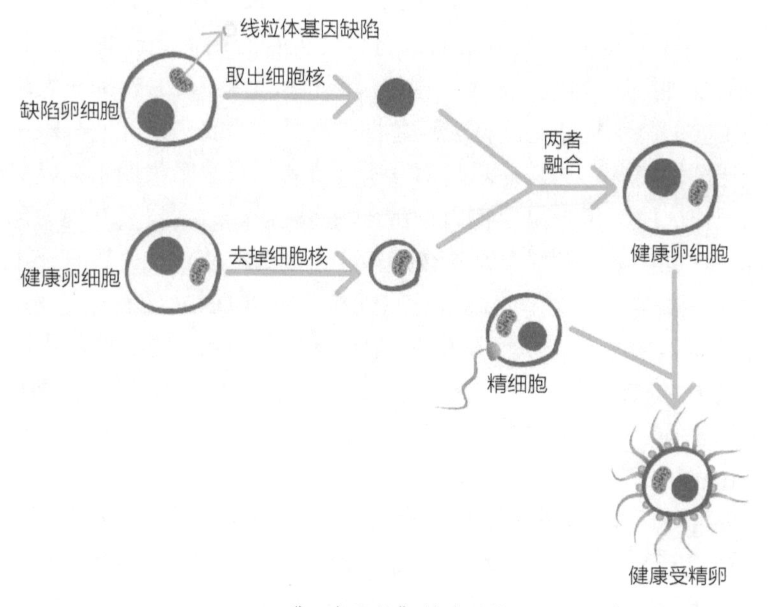

◎ “三亲婴儿”技术路线

外受精”方法生育后代，不过一些专家认为“原核移植”需要得到正确评估，并通过科学的验证才能执行。

23. DNA 修补基因使人类重见光明

◎基因治疗青少年双盲症

2016 年 11 月 18 日，对于 13 岁的小白（化名）姑娘来说是崭新的一天。4 年前，正在读四年级的小白感觉自己视力越来越差，看书、看电视越凑越近。家人以为孩子近视，带她去当地医院一检查，却被告知不是近视。华中科技大学同济医学院附属同济医院最后确诊孩子患的是青少年双盲症（Leber’s hereditary optic neuropathy，LHON）。

青少年双盲症，又称莱伯氏遗传性视神经病，是一种由线粒体遗传的视神经病变，在 1871 年由德国眼科医生莱伯（T. Leber）发现。该病主要的临床症状是急性或亚急性中枢性视力丧失，在两只眼中同时或连续性发病，通常是两眼都发病，或者一只眼睛失明不久，另一只也很快失明，患者出生视力正常，大多在 14 ～ 21 岁突然视力急速下降。青少年双盲症属母系遗传疾病，一半为家族遗传，还有一半是基因突变发病。其产生的最常见原因是线粒体 DNA 发生点突变，进而导致氨基酸变化，从而降低了其所合成的复合物的活性，最终影响光诱导的神经传导通路，造成视力丧失。青少年双盲症全球发病率为 1/25 000，而亚洲人群高发，我国约有 15 万患者，发病率约为 1.13/10 000。

从 1871 年人类发现此病至今，人们一直对它束手无策。直到神奇的基因治疗出现，才让青少年双盲症患者重见光明，再次燃起生活的希望。在基因治疗中，科学家研制出一种人工 DNA，用来弥补突变基因所具有的功能，将这种人工 DNA 导入病变细胞，可以不断复制并合成所需要的蛋白质，代替病变的基因来完成任务，让患者的视觉神经获得正常的营养并开始缓慢修复功能。人工 DNA 并不会改变患者原有的突变基因，只是代替它们完成应尽的功能，所以不会带来新的基因突变问题，但也不会改变这种病继续遗传的可能。

在基因治疗中，医生向患者眼球玻璃体腔注射 0.05ml 药物后，通过“剪切”“粘贴”，纠正了视神经节细胞 DNA 中的病变部分，最终，有 6 例患者视力显著提高，其安全性和有效性都得到了初步验证。这是自 1871 年该病发现以来，全球首次寻找到确切有效的治疗办法。

基因治疗通过基因检测，明确致病基因，选择针对性药物，最终实现精准医疗。目前基因治疗在单基因遗传病治疗上取得了较好效果，如地中海贫血、血友病等。同时基因治疗的方法也可用于治疗恶性肿瘤、心脏病、风湿病等疑难疾病。

第 4 章
基因变迁未来展望

在基因技术的带动下，生物技术取得了迅猛发展，并且促进了生物技术产业的兴起，由此开始了一个新的科技时代。基因技术的应用为农业、工业、医疗、健康、环保及电子信息等领域的发展开辟了广阔的前景，甚至将会出现未来人们想象不到的产品。

我们对未来可以做出各种大胆的想象：我们再也不会担心农药和逆境的危害，人们可以通过基因手段创造出各种抗逆多产动植物，维持和保护生物的多样性，改造生物性状，保证我们吃的食品都是新鲜的，并且也将不会出现食物短缺，也许糖尿病人只需每天喝一杯特殊的牛奶就可以补充胰岛素，或者吃一粒神奇的药丸就可以延长自己的寿命；也许我们会看到色彩斑斓的水果在药店出售，可以补钙、补铁、治感冒、抗病毒等，人们再也不用受打针吃药的痛苦，仅仅一个水果就可以轻松解决身体中的毛病；未来庄稼可以在干旱、盐碱甚至海洋等环境中生长，动物器官可以生产各种治癌药物，人类也将可能像植物一样拥有光合作用，可以通过阳光来补充能量，滋养身体，甚至将会按照人们的意愿和需求去设计个性化定制生物，将肉眼看不见摸不着的基因变成一个个活生生的新的生命体；还会出现现代电子信息与基因的结合，使计算机以基因作为数据，形成具有生物活性的计算机，将这种基因植入人体，也会帮助人们学习和思考……

面对基因红利，你准备好了吗？

1. 基因农业

(1) 种植业

中国是人口大国，民以食为天，人口多，对农业的要求自然也逐渐提高，同时对现代生物技术也是一项巨大挑战。基因技术应用于农作物及其他植物品种生产的目标就是提高产量、改良品质和获得抗逆及其他有益性状。首先，通过基因技术可以使单位面积的农作物产量增加，并且快速繁殖。其次，基因技术能改良作物品质，在培育抗逆作物中发挥了重要作用，生产出抗旱、抗涝、抗高温、抗冷害、抗盐碱、抗病虫等各种不良环境的农作物新品种。最后，利用基因技术能开发出更多新性状，如培育出色彩斑斓的花卉新品种，甚至发光植物也会在不久的将来问世，以此来为人们生活增添更多的色彩。

高产型作物

在不久的将来，人们会通过基因技术将一些有利基因转入农作物，以此提高农作物产量并缩短其成熟时间，减缓衰老。未来将会通过基因技术生产出穗大粒饱的超级水稻，这种水稻的产量显著提升，同时有潜力减少水、化肥的使用，能够保障世界上数以亿计以水稻为主食的穷人的食物供应，还可以利用相似的原理去改造小麦、大豆等作物。农作物的成熟期会按照人们的需要进行设计，转入具有控制缩短成熟期的基因或者对原有控制成熟的基因改造，同样的时间内这种经过基因改造的农作物轮番生长，产量大大增加。预计到 2020 年，我国粮食产量将达到 6.3 亿 t，在耕地面积不断减少的趋势下，粮食单产必须在现有基础上增加 50% ～ 60%。没有基因技术的广泛应用，很难实现这一目标。

抗逆型作物

作物的生长往往会受到种种自然灾害的侵袭，造成庄稼受损减产。未来社会中，各种超级农作物新品种将不断涌现，包括抗旱、抗盐碱、抗涝、抗倒伏、抗冻、抗病虫害等能力的作物。科学家通过基因技术将某些具有相关功能的基因转入各种农作物中，使它们各司其职，行使功能，使作物表现出各种抗逆性状。目前，像抗烟草花叶病毒的转基因烟草、番茄、马铃薯、大豆等作物均已相继出现；将某基因转入马铃薯，马铃薯自身会产生一种水晶蛋白来抵抗甲虫侵害，从而减少农药的使用。人们还将培育出各种抗重金属吸收、抗真菌作物，还有能在干旱贫瘠的土壤上自然生长而不需要人们浇水施肥、仅靠吸收自然营养物质就能茁壮生长的基因改造作物。未来农作物的生长将因体内基因被改造而不怕大风大雨侵袭，不会被折断或者涝死，甚至自身会出现特异排水功能；抗旱转基因作物将会使旱地变为中高产田，经基因改造的耐盐碱植物将可能使盐碱地变成农田；种植具有抗旱抗盐碱基因的植物也将大幅度提高贫瘠地区的植被覆盖率。

在不久的将来，农业将随着基因技术的发展，向着优质高产、无污染、无病虫害、高效益的绿色生态农业发展，也将出现更多的新产品为人类所用！

营养型作物

食物中的营养物质经常被贬值，往往会出现各种微量元素缺乏现象。尽管可以通过施肥提高作物中的微量元素含量，但这种方法既昂贵又不严密。而基因技术不仅会帮助人们实现目标，还能将作物变得更富有营养。科学家通过将胡萝卜素转化酶系统转入大米胚乳中，研制出了富含维生素 A 的改良型黄金大米，这种大米能够提供人体每日需要摄入的维生素 A，这一成果可以用于解决贫穷人口的维生素 A 缺乏问题，未来一旦产业化，将给那些处于“隐形饥饿”中的人群的生活带来巨大改善。人们正在设想利用基因技术制造出更多的富含各种维生素的蔬菜和作物，未来人们只需通过一日三餐就可能摄取身体所需的营养物质了。未来的转基因西瓜不再与普通西瓜一样，不仅以水分和糖分为主，还富含蛋白质，即使糖尿病患者也能放心食用。

色彩斑斓的花卉新品种

花卉品种的研究得益于基因技术，并取得了令人瞩目的成就，未来花卉还将出现形态各异、色彩斑斓的新品种。基因技术将会改造花卉的花色、香味、株型、花卉保鲜、抗性等性状，一大批娇艳鲜美、香味四溢的花卉新品种将在不久的将来涌现出来。例如，科学家将控制蓝色色素形成的基因转入月季，创造出了珍稀的蓝色月季。此外，还有紫色矮牵牛、蓝色康乃馨、多彩菊花等。另外，科学家正对花瓣条纹、彩斑进行研究，甚至将萤火虫的萤光素酶基因转入花卉中，使花卉能在夜晚发光。完全可以设想在未来的某一天，我们只需打一个电话给花卉公司，描绘一下心中想要的花卉图像，工作人员就可以从基因改造花卉库中找到你要的那种特别的花卉。

(2) 畜牧业

21 世纪是生命科学的世纪，基因是生物科学的主导。基因技术已经融入动物生产、饲料工业等领域中，涉及畜禽生长和生产性能、疾病发生率、饲料营养、饲料资源等各方面，为人类提供更便捷高效的生产方式，不久的将来，将成为保证畜牧业优质、高产、高效发展的有效手段。

产量 / 肉质改良

基因技术在畜牧业上应用最多的就是转基因技术。转基因技术在改善动物各种经济性状，如生长速度加快、瘦肉率提高、肉质品质提高等方面不断取得新进展。未来人们将通过转入功能或性状基因、基因敲除甚至克隆等基因手段培育产肉量增加，以及肉品质、产毛率和毛品质均大大提高的家畜新品种。新西兰科学家培育出的转 β- 酪蛋白和 κ- 酪蛋白转基因牛已完成安全性评价，在不久的将来就会出现在餐桌上；还克隆出了多不饱和脂肪酸转基因克隆猪；另外，成功获得了富含 ω-3 不饱和脂肪酸转基因猪和转基因牛，在肌肉和脂肪中不饱和脂肪酸含量大幅提高，为改善膳食中营养成分的比例、提高人群健康水平提供新的动物产品。未来人们可以一边食用各种牛羊肉，一边得到身体保健，再也不用担心脂肪堆积。对动物生殖细胞或者早期胚胎细胞的基因修饰改造，可产生人类需要的一些动物新品种，如进行生长速度、喂食效率等特性的改造，未来人们还将通过基因编辑技术获得双倍肌肉的猪、牛、羊等家畜新品种，这种家畜将具有比正常家畜多两倍的肌肉，它们的瘦肉率和产肉率均比普通品种高。此外，通过转入胰岛素类生长基因或控制蛋白形成基因，还将获得产毛量、品质均提高的绒山羊和长毛兔。未来吃肉将可以定制化，除了可以选择几分熟外，还可以选择肉的营养物质高低性、成分多样性等，如有些人食用鸡肉过敏，但又特别爱吃，这种情况就可以选择那种不含过敏物质的鸡肉种类。

抗病性提高

SARS、禽流感、狂犬病、布病和炭疽等动物源性人畜共患的疾病曾多次、重复性暴发，引起全球恐慌，而这些传染病疫苗匮乏，利用基因技术开发强抗病性畜牧新品种成为减少动物患病性的重要途径。利用表达小分子干扰 RNA 技术，育成抗禽流感的转基因鸡、抗蓝耳病的转基因猪、对布氏杆菌具有强抗性的转基因羊等，这些转基因动物均表现出了良好的疾病抗性。动物转基因技术将在抗病育种、环境生态安全、人畜共患病预防等诸多方面发挥独特优势，造福子孙后代。我国是世界上畜禽养殖数量最多的国家，高密度、集约化饲养为病原体快速传播与突变提供了温床，造成了抗生素的大量使用及畜禽产品中抗生素的残留等诸多问题，并引发了食品安全危机，因此抗病育种迫在眉睫。目前抗病育种领域取得了突破性进展，未来还将出现各种基因改造家畜新品种来代替原有品种，家畜的抗病性将得到大幅提高，同时，人类患动物源性疾病的风险也将大大降低甚至彻底消除。

饲料开发

生物饲料是以饲料和饲料添加剂为对象，以基因工程、蛋白质工程、发酵工程等高新技术为手段，利用微生物工程发酵开发的新型饲料资源和饲料添加剂。生物饲料产业从20世纪80年代开始，历经20多年的发展，伴随着市场需求的不断扩大，进展迅速。世界范围内开发的生物饲料产品已达数十个品种，主要包括饲料酶制剂，饲用氨基酸、维生素和寡聚糖，植物天然提取物，生物活性寡肽，饲料用生物色素，新型饲料蛋白，生物药物饲料添加剂等。

生物活性饲料添加剂作为研究和开发的热点，发展迅猛，很多国家在该领域的研究已经相当全面，采用基因工程等技术构建的高效重组生物反应器部分已达到了产业化生产阶段。国际多家大型饲料酶公司在植酸酶、淀粉酶、木聚糖酶、纤维素酶、复合酶等多种饲料酶领域的研发始终处于全球领先地位，其产品也在我国生物饲料市场展开了竞争，目前在我国销售饲用生物饲料的国外公司已达10多家，且多为具有竞争力的国际企业。

畜禽疾病诊断

基因技术不仅可以培育出品质优良的家畜，还可以对家畜进行疾病追踪和诊断治疗。常规生产的疫苗虽然对疾病的预防起到了积极的作用，但还存在很多缺陷，如常由污染等造成免疫效果不稳定，甚至免疫能力失活。以淋巴细胞杂交瘤技术和重组DNA技术为主的现代生物技术研制生产的新型疫苗，可以克服这种缺陷，这些新疫苗主要包括被称为第二代疫苗的新型高技术疫苗，如基因工程亚单位疫苗、基因工程活载体疫苗、基因缺失疫苗、合成肽疫苗和抗独特型抗体疫苗等。这些疫苗以非致病性细菌、酵母菌或动物细胞来生产，这将给畜牧业的发展带来福音。

器官移植供体

异源器官移植可能是解决世界范围内普遍存在的器官短缺的有效途径，由于猪的大部分器官在大小、结构和功能等生理指标上均与人类相似，且其妊娠周期短，产仔多，容易饲养，供应量大，费用低廉，被认为是最理想的异种器官源，极有可能代替患者的某些器官。南京医科大学通过基因敲除和基因改造修饰等技术研制出的人类器官供体的“转基因敲除猪”，有望在不久的将来成为适用于人体、不会产生免疫排斥的“万能供体”，其角膜、皮肤、胰岛、心脏、肝脏等多个器官将会代替人类病变器官，并且不会出现排异反应。除此之外，牛、羊等动物的器官也会在不久的将来通过基因技术变为人类器官供体，可以说携带人类免疫系统基因的转基因动物将成为人类器官移植的重要供体。

(3) 功能农业

民以食为天，人类的发展史在很大程度上是农业的发展史。然而，在绿色农业逐渐走向普及化的时刻，我们不禁要问：未来农业走向何方？功能农业是一个新兴又诱人的方向。当您在众多保健品中徘徊的时候，会不会想如果通过食用蔬菜水果就能代替这些保健品该多好！功能农业可以帮助人类实现这种愿望！

功能农业是指通过生物营养强化技术或其他生物工程技术生产出具有健康改善功能的农产品，简单地说，就是生产出的农产品能够定量满足人体健康有益的微量营养要求，如满足不同年龄段、不同群体所需的钙铁锌硒等，进而达到促进生长发育、增强免疫抗力、抵御癌症、延缓衰老的目标。

富硒农产品

我国的富硒农产品培育是功能农业的一个经典案例，因为富硒农产品具有食用和保健两重功能，一般价格比普通农产品高1倍，是生态高附加值农业的具体代表。硒缺乏，单从质量上看影响很小，但是威力很大，硒微量元素充足的人看起来会比同龄人年轻10岁左右；硒元素充足与否更会在很大程度上影响人的体质，长期定量摄入充足的富硒农产品可以有效地预防感冒等流行疾病，有提高人体免疫力、保护眼角膜、护心和护肝等重要功能，能够有效抗氧化、抗衰老、抗辐射、拮抗重金属。但是硒在人体内无法合成，所以要满足人体对硒的需求，就需要每天通过食物定量补充。基因技术可以帮助人类实现这一目标，已经培育出了含硒的功能农产品有5～8种，包括富硒大米、富硒鸡蛋、富硒菊花、富硒脐橙等。科学家预测，到2020年，将会增加到80～100种，产值达1000亿元。到那时，基因农业将会华丽变身，真正成为“高大上”。

深海鱼油

深海鱼油，所含的有效成分是ω-3多不饱和脂肪酸，能降低甘油三酯、胆固醇和血小板黏性等，对心血管疾病、肿瘤、糖尿病有预防作用，并且对幼儿的智力发育也大有益处。但是包括人类在内的哺乳动物自身都无法合成ω-3多不饱和脂肪酸，它的主要膳食来源是鱼类。而科学家通过基因技术在转基因拟南芥中合成出了这种多不饱和脂肪酸，在农作物上的推广也将很快得以实现。另外，自身能产生ω-3多不饱和脂肪酸的转基因奶牛已出现，产出含有深海鱼油有效成分的希望很大，未来人们也将会通过基因技术使这种深海鱼油出现在水果、蔬菜甚至人类主食中，可以通过一日三餐或者蔬菜水果获取到昂贵的深海鱼油营养成分。

2. 基因工业

基因工程尤其是转基因技术在工业中的应用主要包括乙醇生产、丁醇生产、淀粉性能修饰、纤维素的开发利用、食品工业和新型抗生素的生产、生物新材料开发等。通过开发新的生物能源来生产石油替代品；处理垃圾，变废为宝；处理工业“三废”、石油泄漏等，解决环境污染问题。

能源工业

利用重组 DNA 技术生产乙醇、丁醇等石油替代品，是未来基因工程在能源工业中应用的重头戏。可利用生物合成技术合成重组的工程菌，用于生产绿色燃料，降低环境污染；或者通过对菌株进行改造，来生产可降解的塑料和纺织品的化工前体。自然界有取之不尽的植物纤维素资源，运用生物技术开发出能够将植物中的纤维素降解、进而转化为可以燃烧的酒精等新能源。另外，科学家还通过基因技术对淀粉进行生物改造，改造后的特殊淀粉可作为一种工业原料来替代石油，或者用于生产生物可降解的高聚物。

基因工程技术研发还将开拓新的资源空间。工程藻类的生物量巨大，一旦高产油藻开发成功并实现产业化，由藻类生产生物柴油的规模可以达到数千万吨。美国可再生能源国家实验室运用基因工程等技术，已经开发出含油超过 60% 的工程微藻，每亩可生产 2t 以上生物柴油。中国海洋大学承担了多项国家级及省部级海藻育苗育种生物技术研究，拥有一批淡水和海水藻类种质资源，并积累了海洋藻类研究开发经验。如果能将现代生物技术和传统育种技术相结合，优化育种条件，就有可能实现大规模养殖高产油藻。专家预计，到 2020 年，年生产生物燃油将达到 1900 万 t，其中生物乙醇 1000 万 t，生物柴油 900 万 t。

为了节约电力能源，科学家还设想用树来充当路灯，创造出能在夜间发光的植物，目前利用转基因技术已经设计出会发光的拟南芥、烟草等植物，并且将这些发光植物送入了国际空间站。接下来科学家将打造发光树，通过初步计算，一棵覆盖面积达 $1000ft^2$①的发光树能产生与路灯同样的照明效果，将来的某一天，街道两边的路灯会被这些晚上会发光的树所取代，这不仅减少了能源消耗，还给人们带来视觉享受。未来房间照明也有可能不再需要消耗电能了，当天色渐晚、房间变暗，人们不用打开台灯，因为桌上绿绿的盆栽足以照亮手中的书。科学家已经实现了这个愿景的第一步！他们将萤火虫身上的萤光素酶转移到了甘蓝植物豆瓣菜上，成功地培育出了能持续发光

① $1ft^2=9.290\ 304\times10^{-2}m^2$

4h 的豆瓣菜！虽然光线还比较微弱，但是研究人员相信：在进一步的优化下，这种植物完全可以照亮整个房间。未来植物有可能变成一种不需要插电的台灯。

食品工业

首先，基因工程技术被用来提高生产效率，从而提高食品产量。其次，可以提高食品质量。例如，以淀粉为原料采用固定化酶（或含酶菌体）生产高果糖浆来代替蔗糖，这是食品工业的一场革命。最后，生物技术还用于开拓食品种类，开辟新的食物来源，利用生物技术生产单细胞蛋白为解决蛋白质缺乏问题提供了一条可行之路。目前，全世界单细胞蛋白的产量已经超过 3000 万 t，质量也有了重大突破，从主要用作饲料发展到走上人类的餐桌。

另外，开发保健食品和食品疫苗也是基因工程研究的重心。通过转基因技术将抗病蛋白基因导入植物受体中进行表达，得到具有抵抗相关疾病的疫苗。目前，已获成功的有狂犬病病毒、乙肝表面抗原、链球菌突变株表面蛋白等多种转基因马铃薯、香蕉、番茄的食品疫苗。未来几年内，科学家将培养出一种能抑制人体癌细胞扩散的食肉鸡，癌症患者可以通过食用这种鸡的鸡蛋来控制病情。另外，设法通过转基因动物生产高价值蛋白，已在瘦肉型猪和鱼类育种上初见成效，我们不难相信，未来会有大批的安全可靠的转基因高蛋白食品出现在人们的生活中。

甚至还会出现带肉味蘑菇、用大豆加工的素肉等，它们都是通过基因工程将正常大豆、蘑菇进行改造后获得的。用素食来替代肉类，一方面可以降低肉类的生产成本，另一方面是因为素食相比肉类来说对未来人类会更加健康。使用基因技术培育原料制作的寿司，可以任意编程设定的红酒及各种健康美味的新食物也将会出现在人类餐桌上。

材料工业

聚羟基脂肪酸酯（polyhydroxyalkanoates，PHA）是一种天然高分子生物材料，由于具良好的生物相容性能、生物可降解性和塑料热加工性能，常用作生物医用材料和生物可降解包装材料，活跃在生物材料生产领域。它是由很多细菌合成的一种胞内聚酯，在生物体内主要是作为碳源和能源的贮藏性物质而存在，具有类似于合成塑料的物化特性及合成塑料所不具备的生物可降解性、生物相容性、光学活性、压电性、气体相隔性等许多优秀性能。利用混合菌群发酵廉价底物可显著降低聚羟基脂肪酸酯的生产成本。另一种重要生物材料是聚 -β- 羟丁酸（poly-β-hydroxybutyrate，PHB），也是一种存在于许多细菌细胞质内具有类脂性质的碳源类贮藏物，科学家正在研究通过转基因植物，如转基因土豆、玉米等来合成聚 -β- 羟丁酸，开辟新的生物材料生产途径。

3. 基因医疗

（1）基因药物

基因工程在医药领域的应用日益广泛。通过基因手段，把药物产生的密码克隆出来，然后把它组装到表达的载体中，再通过培养表达载体来制造药物，这种药物称为基因药物。基因药物可以针对具体的每一个人，治疗效率变得更高，并且更省钱，有人认为几十年以后，人类医药将发生翻天覆地的变化，人类健康杀手将得到有效的控制，基因药物将在医学上产生革命性的变化。

可改善糖尿病治疗的药物

全球范围内，Ⅱ型糖尿病的治疗以磺酰脲类药物为主，该药的副作用很大，长期使用会因为胰岛素过度分泌而导致胰岛β细胞衰竭，造成治疗适得其反。科学家通过基因工程手段研制成一种多肽药物，能够促进胰岛细胞分泌肽，避免因胰岛素过度分泌而导致低血糖发生，经过临床试验测试，该药安全有效，而且从生产成本上来看，比传统药物实惠很多，患者可以长期使用，在医学界，这是一种充满市场前景的基因药物。相信在不久的将来，随着基因技术的发展，科学家会创制出更多治疗糖尿病的基因药物，让每一位患者都能减少疾病折磨。

艾滋病疫苗

艾滋病，又称获得性免疫缺陷综合征，是一种由人类免疫缺陷病毒（HIV）引起的疾病，由于其病毒潜伏期长，短时间内很难发现，发现时已到了无法控制和治疗的地步，蔓延速度快，死亡率高，因此该病的治疗一直以来都是医学界的难题。基因疗法也是做了大量的工作，目前HIV疫苗生产已进入第三代，正是应用基因技术所生产，并且已有HIV的DNA疫苗进入人体试验阶段。首个停止服药也能阻止病毒复制的HIV治疗性疫苗在不久的将来也会问世，在此基础上，将不断有新的更有效的疫苗开发出来。相信凭借基因手段，人们最终会打败HIV，为患者重塑健康！

蔬菜水果变“天然药物”

随着科学技术的发展，人类喜爱的蔬菜水果将会逐渐成为可以治疗疾病的神奇物种，蔬菜水果正在变成“天然药物”。美国科学家通过转基因技术产生出可预防霍乱的土豆疫苗和番茄疫苗，待临床试验后，就可以上市销售，人们通过食用土豆或番茄就可以起到预防霍乱的作用。另外，各种水果正在被科学家用来做“基因手术”，将具有特定功能的基因植入水果中，开发出特异功能性“天然药物”。例如，香蕉疫苗、药物番茄，它们将被用来作为口服疫苗和治疗高血压、血友病和骨质疏松症的药物。还有抗乙肝番茄、抗乙肝马铃薯、降血糖和降血压稻米，甚至将感冒疫苗“种”到香蕉和番茄中，人们吃了这些水果，就能达到治疗疾病的目的。未来人们生病了，不必再通过药物进行治疗，只需吃一些水果就有可能治愈。

动物药厂

以动物作为生物反应器生产蛋白药物的研发已取得了很大进展。目前，国际上主要的动物生物反应器包括山羊、奶牛、猪、兔、小鼠、家蚕等，主要利用血液系统、动物膀胱、禽类的卵及哺乳动物乳腺等生产目标产物。其中，用转基因动物乳腺系统生产的具有重要临床治疗价值的药用蛋白组织溶酶原激活因子（tPA）、α1抗胰蛋白酶（α1-AT）及抗凝血酶Ⅲ、血红蛋白（HB）、乳铁蛋白（LF）已进入临床试验阶段，很快将会被人类所利用；含有乳糖分解酶基因的克隆牛，其乳汁中的乳糖可被分解为半乳糖和葡萄糖，有望为患有乳糖不耐症的人群提供“放心奶”。未来科学家还将通过动物乳腺系统等创造出更多的含人类疾病抗体的药物产品，人们只需饲养，动物乳汁便可源源不断地产出药品。这些产乳量高的动物就相当于一座大型的药物工厂，它们廉价的乳汁将为人类提供大量所需要的珍贵药物。乙肝、艾滋病、白血病等无法治愈的疾病将有可能通过喝奶就轻松治愈。

(2) 疾病治疗

基因治疗（gene therapy）是指将外源正常基因导入靶细胞，以纠正或补偿因基因缺陷和异常引起的疾病，达到治疗目的。也就是说，将外源基因通过基因转移技术将其插入患者的适当的受体细胞中，使外源基因制造的产物能治疗某种疾病。

过去，人们以为疾病都是由细菌或者病毒等外部因素引起的，现在发现许多疾病是由人体内部基因的突变（如缺失、重复等缺陷）引起的。随着遗传学的发展，越来越多的遗传病的致病基因被发现，为基因治疗提供了可能性。进行基因治疗，首先必须提高基因诊断的技术，准确了解患者患了什么病，此病是在哪条染色体上出现的。要知道基因是否出现异常，就要知道正常基因是怎样的，完成人类基因组计划是开展基因治疗的前提。其次是把正常基因导入患病细胞的染色体上，使人体“获得”正常基因，取代原有的基因。

自第一例向人体转入外来基因的案例成功后，基因治疗的成果逐年增多。基因治疗的研究目标已经从开始的单基因隐性遗传病扩展到恶性肿瘤、心血管甚至癌症、艾滋病的治疗。技术手段也从最初用正常基因代替“错误”基因，发展为利用各种基因转移技术将各种目的基因（包括正常的、改造过的病毒基因）转入人体，以达到治疗的目的。随着基因技术的飞速发展，科学家的手将变得越来越灵巧，基因技术将在延长人类寿命方面变得越来越重要。未来的目标是将目的基因转移到尚未出现病症者的靶细胞上，把损害人类健康的基因病在其还没露头时就扼杀，实现基因预防疾病、改善人类生活质量的理想目标。

肿瘤基因治疗

恶性肿瘤等癌症每年都要夺去成千上万人的生命。目前大多数肿瘤的基因治疗缺乏靶向性，只能将表达载体导入体表的肿瘤部位，使得治疗只能局限于一些头颈部肿瘤。为了提高基因的靶向导入效率，科学家对基因治疗载体和基因导入系统进行了各种靶向性改造。

理想的基因治疗方法是只在原位修复病变的基因，但是，由于目前的技术限制，加之人体系统的复杂性，修复效率非常低，这成为医学界基因修复的瓶颈。科学家开始另辟蹊径，将焦点转移到所需治疗的系统上，准备使用天然或改建的定点整合系统进行基因治疗，提升修复效率。近年来，以 CRISPR/Cas9 技术为主的基因编辑技术、RNA 干扰和 microRNA 等新型的靶向基因沉默技术在重大疾病的治疗方面显示出巨大的应用潜力，被广泛用于基因功能研究、药物开发等领域，以解决肿瘤疾病。其中，CRISPR/Cas9 可以快速、简单地实现对基因组的精确编辑，时间短，效率高，在不久的将来或将会现令人振奋的治疗成果，也有多个针对恶性肿瘤、病毒感染性疾病等的 RNA 干扰治疗药物进入临床试验阶段。

将基因治疗与化疗、放疗、免疫治疗、干细胞治疗等联合起来进行治疗也是未来肿瘤治疗发展的重要方向。将重组人内皮抑素腺病毒注射液（E10A）与化疗药物“紫杉醇 + 顺铂”联合后进行治疗，发现疗效优于单纯化治疗的疗效，并且能显著延长患者的生存期。此外，将基因检测技术与基因治疗相结合，可以为临床治疗开辟一条更快更便捷的通路，医生可以随时对患者进行基因跟踪，病情检测，大大提高治疗效率。未来几年将会是全球肿瘤基因治疗技术突破和产品上市的重点时期，将为恶性肿瘤的临床治疗提供新的选择。

老年痴呆症基因治疗

老年痴呆症是当今医学领域的一大难题，据预测，到 21 世纪中叶，老年痴呆症患者人数将在百万人的基数上再翻三番。科学家已从基因上找到老年性痴呆的发病原因，其一，患者的 B 糖原在神经细胞外凝结成块，破坏了神经元从血液中吸收营养，使细胞缺乏养料而枯竭，引起这种变异的基因已经被破译。其二，一种称为 tau 蛋白的物质变异会引起神经元类细胞凝结，使脑细胞新陈代谢发生紊乱，已发现 *Apo-E4* 是影响 tau 变异的一种早老年痴呆症的敏感基因。若有人携带这两种基因，在他年长的时候，可以通过基因工程手段设计出正常基因来抵御有害基因的表达。当找到老年痴呆症的目的基因时，我们向老年痴呆症说再见的时间也为期不远了。

艾滋病基因治疗

艾滋病是人类最可怕的疾病之一，其危害性极大，攻击性极强，现正以 8500 人 / 天的感染速度在全世界蔓延，已成为世纪瘟疫。目前在全世界范围内仍缺乏根治 HIV 感染的有效药物，现阶段的治疗目标有：最大限度和持久地降低病毒载量；获得免疫功能重建和维持免疫功能；提高生活质量；降低 HIV 相关的发病率和死亡率。此病的治疗强调综合治疗，包括一般治疗、抗病毒治疗、恢复或改善免疫功能的治疗及机会性感染和恶性肿瘤的治疗。

医学分子生物学家正在用“基因手术刀”向艾滋病发起挑战，用一种蛋白酶抑制剂基因药物可抑制 HIV 的复制，将这种蛋白酶抑制剂与其他抗艾滋病药物混合使用，像兑鸡尾酒一样制成混合制剂，称为“鸡尾酒式疗法”，结果疗效较好，给人们带来艾滋病可治的福音，随后，科学家集中力量研究 HIV 侵入 T 细胞的途径，先后发现 3 种帮助其侵入 T 细胞的分子（CD_4、融合素分子、$CCCKR_5$）。新的研究思路是用基因工程的方法设计出一种药物或疫苗，可以针对 CD_4、融合素分子、$CCCKR_5$ 的特点，起到破坏 HIV 侵入 T 细胞的作用，这样就可以征服艾滋病了。目前这项伟大的研究正在进行中，相信基因疗法会让人类看到希望。人类基因的破译将会改变疾病诊断和治疗的方式，让医生实现“看基因，开处方”，不断攻破医学难题，减少失败病例。

白血病治疗

据报道，一名英国医生第一次通过使用基因编辑技术创造了世界首例婴儿白血病治疗奇迹。这名患有白血病的 1 岁大女婴生命进入最后几个月倒计时，面对传统疗法失效，医生大胆地尝试了将基因编辑过的血液细胞注入她体内，最终成功消灭了癌魔，成功地治愈了“无法治愈”的疾病，开创了全球白血病治愈首例，并且小女孩术后身体恢复良好。这项成功案例给医学界带来了极大的鼓舞，可见基因编辑在治疗像白血病这种很难治愈的疾病上有无限潜力。我们相信，未来某天，医学将在基因层面达到无法想象的高度，人们以前所遭受的疾病都将通过基因疗法彻底治愈，不再受病痛折磨。

产前胚胎诊断

据统计，3% ～ 5% 的婴儿出生后会存在身体结构或智力上的缺陷，这不仅给家人带来痛苦，更重要的是孩子以后的生存或生活将面临严重的挑战，甚至有的因为先天性疾病，出生后存活不久便夭折，这使那些患有基因异常高风险的夫妇对于孕育健康的后代处于无从选择的被动境地。然而，基因技术将会为他们带来福音！人们可以在胎儿出生前，通过做产前诊断来检查其后代的发育状态、疾病与否等，从而掌握先机，对于可治性疾病选择适当时机进行相应治疗；对于不可治疗性疾病，能够做到知情选择，以便减少人们的痛苦。

(3) 器官移植

器官移植是指将一个个体的细胞、组织或器官用手术或其他方法，导入自体或另一个个体的某一部分，以替代原已丧失功能的一门技术。器官移植面临的最大难题就是排斥反应，接受新的器官后，患者容易发生感染性并发症及各种副作用，造成治疗前功尽弃。

基因治疗是解决器官移植中排斥反应的一个很有潜力的方案。一方面，通过调控患者的免疫反应或者诱导免疫耐受，有潜力防止排斥反应；另一方面，创建异种转基因动物，有可能解决供体器官来源有限的问题。当进行器官移植时，在体外对供体器官做基因改造，这样就可以在局部表达免疫移植抑制分子，让患者免于全身使用免疫抑制剂，而且有望达到抗原特异性耐受的状态。

科学家希望通过培育适配性器官的转基因动物为人类提供所需器官，转基因动物是人类最好的器官库，能提供从皮肤、角膜，到心、肝、肾等“零件”。而猪在解剖、组织及生理上与人类最为相近，是器官库的最佳选择。已有科学家在猪身上做了大量的研究工作，如澳大利亚科学家成功去除了猪的半乳糖苷酶基因，这项贡献为动物器官移植到人体上奠定了一定的基础，另外，我国研制出第一例敲除超急性免疫排斥基因的异种器官移植猪，同样为创建器官移植猪迈出了关键的一步。今后，将会出现更多的基因改造器官用于人类器官移植。

4. 基因健康

人们经常幻想能够长生不老或者将寿命延长到最大限度，身体状况良好，并且拥有年轻不老的容颜，像电视剧中的唐僧那样。基于人们的这一幻想性目标，科学家也进行了大胆的猜测，他们认为，未来 100 年之内将出现具备超级能力的人类。其实，导致老化的因素有很多，但本质上都是体内基因发生了变化，最后通过体征表现出来。一直以来，人们都很重视自己的身体素质，通过各种养生类方法来提升生命上限，如合理运动、均衡营养、使用保健品等。而对于科学家来说，发掘控制衰老或长寿的基因才是他们最为热衷的事情，当然这也是最具潜力的途径之一。

延长寿命

线虫的寿命最长不超过 22 天，很适合用来做寿命研究试验。控制线虫寿命长短的基因有很多，但当破坏其中一个被称为时钟 1 的基因 (clock 1 gene) 时，就可以将线虫寿命延长 1.5 倍，奇妙的是，人类也有类似的基因，同时还存在“年龄 1 (age 1) 基因”、*daf*-2 等受损时会延长寿命的基因。我们知道，人类自身可以修复活性氧毒性，那么就必然存在这种特定的修复基因，试做设想，我们可以通过活化这种基因来防止衰老。研究发现，热量限制能够减少氧自由基对细胞的损伤，在延长动物生命周期中起到很重要的作用，而在该过程中 *SIR2* 基因发挥重要的调控作用，未来科学家可以通过在体外改造该基因后再导入人体内来延长人类寿命。另外，还存在一种称为“我还活着”的基因，它是通过改变新陈代谢来发挥作用的，如果同样对它进行改造，人类的寿命将大大延长。因此可见，寿命相关基因有可能完全是可控的，未来人类有可能完全可以通过改变这些基因来延长寿命。

提高幸福指数

你有没有想过，你的情绪体验强度、敏感性、稳定性是由何而来？为什么和朋友一起看电影，你会潸然泪下，而朋友却无动于衷？这种差异性由何而来？除了自身的主观感受和身体健康外，其实身体内的基因也起着重要作用。科学家发现一个控制人类情绪的基因，这一基因的有无影响着人们情绪表达的差异。可以设想，未来某天人们可能通过改变体内某一相关基因或者通过食用携带控制情绪的功能基因的食物，就可以让情绪发生转变，不快乐将会变成快乐，难过也会化作高兴。人类犯罪是由大脑中的感觉和情感所控制的，科学家同样发现了一个被称为 *MAOA* 的犯罪基因，正是该基因的突变才导致人类出现疯狂暴力行为，因此未来可以通过对这类基因进行改造，减少或终止犯罪行为的产生。除此之外，抑郁症、精神分裂症等情绪相关病症都将会通过基因技术来消除，甚至将会提高人的情商与社交能力，丰富情感，提高幸福指数，使人们成为真正的社交达人，更健康乐观地面对生活。

提高睡眠效率

睡眠是生物界一种非常普遍的行为，能够保证人的各种生理反应和身体机能的正常运转。大多数人每晚正常睡眠时间是 7 ～ 8h，这样才能保持身心健康，不过有些人只需正常睡眠时间的一半就可以保持体力充沛，如前英国首相撒切尔（M. Thatcher）夫人每晚只需闭眼几小时，精力就会非常旺盛。专家表示，这种调控睡眠的“撒切尔基因”已经被发现，它可以使有远大抱负的人每晚睡眠不超过 4h，并且感觉不到疲倦。

我们幻想也能具有如此奇特的能力，试想，假如提高睡眠效率，即使睡眠时间减少，也不会感到不适，有更多工作和活动的时间，那将会做出很多有意义的事情。科学家发现了人体内确实有一种“嗜睡基因”，这种基因控制着人类的睡眠时间，他们有可能通过改变这种“嗜睡基因”来帮助人们调节睡眠时间，改善睡眠情况，提升生活质量。

疾病防御

人人都想拥有健康的身体，生龙活虎，永葆青春，在以前，这种想法只是幻想，但是，随着生物科技的发展，幻想有可能成为现实。在人类基因组完全被破译后，就可以实现真正的对症下药，通过改变基因，来干涉“未来可能发生的疾病”。

好莱坞女星安吉丽娜·朱莉，在知道其母亲携带可遗传的乳腺癌致病基因后，果断切除双乳，以降低患乳腺癌的风险。可见，人们完全可以根据预测，通过基因技术手段来预防某些疾病的发生。在未来，像某些癌症、艾滋病、白血病等都可以预见，在治疗时，只需对相关基因做修饰、改造就可以大大减少患病率。

丰富生活

随着人类生活水平的提高，物质要求也会越来越高，人们不仅要拥有健康的身体、美好的心情，还要有更丰富有趣、触手可及的生活，基因技术可以帮助我们实现这种梦幻般的生活！未来会出现“植物奶”，奶牛可以像植物一样进行光合作用，通过这种方式来增加产奶量，大大提高牛奶产出率，另外科学家正在尝试用基因改造的酵母来代替牛奶，生产世界上第一杯“人造奶”，人们不需要养牛便可获得牛奶，并且这种牛奶的营养物质一点也不低于真正的牛奶，甚至营养价值更高，价格更便宜。未来还会有奇光异彩的各种动植物出现，将世界点缀的像梦幻一般，来满足人们的视觉享受。

辐射耐受

随着现代社会的快速发展，人类所面临的辐射越来越多，长期身处这种环境给人们带来了各种身体疾病，有些疾病会成为终身无法治愈的恶疾。因此人们设想，若人体自身能抵抗这些辐射那将会有益于人的生存。来自东京大学的科学家通过研究，不但发现了缓步动物一种超强的能力，即一种保护性蛋白质能够帮其抵御损伤的 X 射线，而且还有可能转移到对人类细胞的研究当中。这种名为 Dsup 的特殊蛋白质能够保护动物机体的 DNA 免于在辐射和脱水状况下断裂，而且将其植入人类细胞液能够抑制 X 射线辐射引发 40% 的细胞损伤。这一发现对于临床医学研究具有很大的意义，当然对这种缓步动物基因组的研究也只是冰山一角，未来将会发现更多的基因帮助人类改善细胞的压力耐受性，帮助在医院、互联网、核电站、太空站等高辐射环境中工作的特殊人群抵抗辐射，甚至还可能帮助人类移民太空，人们再也不会担心受到各种高压、磁场、电波、核辐射、放射性物质等的辐射。

设计完美人类

聪明、健康、美丽、善良、真诚、上进的优良品质被标榜为人类优秀的特质，拥有全部这些完美特质是很多人的梦想。如果搁置人类伦理争议不谈，单从科学层面看，随着对人类基因信息的了解和生命科技的发展，这些想法极有可能成为现实。基因组作为人类遗传信息的重要载体，涵盖了人类生长、发育、衰老过程中的重要信息，被称为“生命天书”，基因编辑技术则被誉为“上帝之手”。随着人类智力、情绪等相关基因被发现，一些引发疾病相关的突变基因也得到验证，每一个基因都可以称为基本信息单元。科学家可以参考这些信息单元，在人类基因组上进行优秀基因的置换，以期让新生人类拥有超高的智力、良好的情绪管理、积极上进的人生态度。还可以像疫苗注射一样，在人类出生前通过基因修补来避免遗传性疾病的发生。例如，2015 年，中山大学黄军就团队利用基因编辑技术成功修改了人类胚胎 DNA，为治疗儿童常见疾病——地中海贫血症打下了坚实基础。美国科学家斯蒂芬·许（Stephen Hsu）表示，人类基因组研究预估大约有 10 000 个与智商有关的基因变体，对这些变体进行研究，并通过基因改造可使人类智商高达 1000 以上。可以设想，“生命天书”会在“上帝之手”中被书写得更加完美。

激发人类无限潜能

美国心理学家马斯洛（A. Maslow）在《人类激励理论》中提出了“马斯洛需求层次理论”，将人类需求分成生理、安全、爱和归属感、尊重和自我实现 5 个由低到高的层次。人类社会不断进步、科学不断发展，很多人已经不再满足这些基本需求了。在自我实现需求之后，超自我需求被不断强调。例如，极限运动者不断挑战不可能，动物爱好者希望能与动物共舞，探险家希望能探知到大自然最深处的秘密，星际迷对宇宙探险充满憧憬等。基因技术为这些人类的超自我需求提供了无限可能。利用基因技术提高极限运动者的肌肉耐力和韧度，让他们在山间攀爬穿梭；增强动物爱好者红细胞携氧能力，让他们可以拥抱着海豚一起遨游；增强探险家自身免疫能力和敏锐的洞察力，让他们自由穿梭在原始森林；强化星际迷的骨骼强度，提高耐辐射和氧转化能力，让他们可以在外星球行走。

5. 基因环保

长期以来，农药化肥、工业“三废”、废旧塑料的污染使得我们的生态环境受到了严重破坏；水污染已造成水资源严重短缺，我国已有一半城市出现缺水；土壤污染严重，造成耕地面积锐减，土地荒漠化日益加剧；森林覆盖面积下降，草场退化，每年森林的减少面积达 2500 万亩。这些破坏同时也严重威胁着人类的健康，这些污染已远远超出了自然界的自我净化能力，必须要通过人为手段去弥补。利用现代生物技术来控制环境污染和保持生态平衡越来越受到重视，可以说，它在环保领域发挥着重要功能，并且将成为不可替代的方法之一。

污水的生物净化

目前，在工业废水的微生物处理中，人们寄希望于基因工程，期望通过重组 DNA 培育分解性能高并在混合系统中能够占优势的菌种，以使废水在生物处理装置内的停留时间缩短。这样将会节省大量的动力，降低净化成本。

在石油污水的降解过程中，已经发现许多具有特殊降解能力的细菌，其降解途径所需要的酶被称为“代谢质粒”。含有这类质粒的细菌，在某些环境污染物的降解过程中起着重要作用。一种能同时降解石油中大多数烃类物质的“超级细菌”已被构建出来，正在试图通过基因工程技术，把不同的降解基因转入同一菌株，生产出性能稳定、具有特殊功能的“超级微生物”，用来降解顽固污染物。除了油污之外，重金属污染物也是比较严重的污染源，科学家正在研制对重金属有特别亲和力的细菌来分离和纯化各种污染重金属，将有毒重金属变成无毒金属，不仅消除了污染，还可以二次回收利用，变废为宝。这种净化方式的生产成本将远远小于传统净化方式，所带来的效益更是非同小可。我们不难相信，随着生物技术的发展，基因工程菌在工业污染物处理中将会得到广泛应用，为人类带来福音。

消除白色污染

人们每天都会生产出废旧塑料，如塑料瓶、废弃玩具。农民在种庄稼时，也会使用到塑料地膜。所有这些塑料制品经常因回收或处理不当被埋藏在土壤中，地膜也会藏匿在土壤中经久不降解，影响土壤质量，引起农作物大量减产，成为环境污染的重要因素之一。据估计，我国土壤、沟河中的塑料垃圾有百万吨左右，若不采取防护措施，若干年后不少耕地将颗粒无收。

在不造成二次污染又能继续使用塑料制品的原则上，开发生物可降解塑料成为首选手段。科学家利用生物技术构建出高效的生物工程菌来降解塑料，如采用微生物发酵法生产聚-β-羟基烷酸酯（PHA），这是一种可降解聚合物，与石化塑料相比具有生物降解性、生物相容性等优点，并且它大大降低了塑料的生产成本，在不久的将来必然有广阔的应用前景。

消除化学农药污染

化学农药的过度使用会给植被带来一定的损害，大部分的农药会残留在土壤中，并且难以分解，造成土壤品质下降，破坏生态系统，给农业生产带来严重的影响。因此，人们开始另辟蹊径，寻求一种新型且安全有效的办法来代替化学农药杀虫剂，利用生物技术创造出微生物降解农药成为目前最行之有效的方法，也就是生物农药。生物农药是指利用生物活体或其代谢产物针对农业有害生物如害虫、杂草、病菌、线虫等进行防治的一类农药制剂，它们可以通过代谢作用将农药转化成可利用的中间产物，从而消除环境残留农药，具有选择性强、对生态影响小、无抗药性、可加工等优点。

生物农药产业发展符合社会对绿色、健康、品质优良农作物的迫切需求，目前，各国正在大力开展生物农药的生产和利用，如科学家将干扰害虫正常生活的基因插入杆状病毒的基因组中，就可以破坏害虫的代谢系统，从而达到杀虫的目的。可以说，这已成为当今世界农药的主导力量和大型公司利润的新增长点。

极端微生物与超级工程菌

极端微生物是指在一般生物无法生存的条件下能生存的生物，这类微生物具有特殊的生理机制，有很高的环保应用价值。例如，很多冷微生物菌株可以使石油烃、十二烷、正十六烷、甲苯、萘等发生矿化。随着技术的进步，科学家还对现有微生物进行有效改造，不断研发出具有特殊功能的新型微生物。通过基因技术，把降解芳烃、多环芳烃的质粒接合到降解酯烃的细菌体内，创造出一种“超级菌”，这种细菌在治理石油污染方面有着很好的应用前景，可以把 60% 的烃分解。同时，相比一般菌种，其几小时就能达到一般菌种净化一年左右的效果。

6. 基因电子信息

人类有一门学科称为仿生学，就是通过研究和模仿自然界的生物特性，然后再利用这些特性和功能，设计、构建具有预期性能的新物质，从而达到为人类社会更好地服务的目的。人类通过研究蜻蜓的飞行制造出了直升机；对青蛙眼睛的表面“视而不见”，实际“明察秋毫”的认识，研制出了电子蛙眼；对苍蝇飞行的研究，仿制出一种新型导航仪——振动陀螺仪；对蝙蝠没有视力，靠发出超声波来定向飞行的特性研究，制造出了雷达、超声波定向仪等。仿生学同样可应用到电子信息领域中。人体是一个庞大的运行系统，每时每刻都进行着无数个生理生化反应来维持正常的系统机能，并且运行速度异常快，如人类用眼睛看外界的事物，再通过反射进入大脑进行处理形成实像，大脑的这种处理速度可以说是所有代谢系统中最快的一种，类似的这种机能都是由一系列基因所控制的。因此，科学家再次突发奇想，将人类基因与现代技术相结合，来提供更快更高效的生活方式。

基因超级电脑

我们听说过超级电脑、掌上电脑，但是，随着科技的飞速发展，一种新型的特殊电脑——基因超级电脑正在浮现出来。这种电脑是将传统计算机与生命遗传物质相互融合，形成一种生物形式的计算机，以核酸分子作为数据，以生物酶及生物操作作为信息处理工具的一种新颖的计算机模型，用生物学中DNA的切割、插入和删除来代替传统计算机的“加”“减”操作，运行的时候，操作符号不再是物理性质，而是化学性质的符号变换，如碱基的置换、易位、移位等。在数据存储方面，基因超级电脑也会以DNA为基础，由于每个碱基都包含大量的遗传信息，因此，当以碱基为载体来存储计算机数据时，存储量将会成倍增加，据估计，1mg DNA的存储功能可能会与1万片光碟片的存储功能相媲美。

在运算速度方面，基因超级电脑的速度将远远超过传统计算机，并且将实现完全脱离人类操作的运行模式，它可以让几万亿个DNA分子在某种酶的作用下进行化学反应，促使生物计算机同时运行几十亿次，有望超过人脑的思维速度。运行过程中一旦出现故障，可以通过DNA的修复能力进行自我修复。

基因超级电脑还具有生物活性，科学家会将它与人体组织，尤其是与大脑和神经系统相连，接受大脑的综合指挥，还可以成为能植入人体内，帮助人类学习、思考、发明的最理想的伙伴。高强度的运算速度将加快科学家利用DNA计算机对体内基因突变或癌症检测和监控的脚步。甚至把它与能够进行生物标记的疾病标志物联系起来，让计算机逻辑来精确诊断人体内的病变和癌症。未来，科学家更是希望利用DNA计算逻辑的运算判断能力开发出“能检测”“会思考”的智能DNA计算机，用来开发个性化的“智能药物”，基因计算机将成为真正意义上的超级电脑。

3D 打印

3D打印技术是以数字模型为基础，运用粉末状（金属、塑料、石膏、尼龙、甚至细胞等）可粘合材料通过逐层打印的方式快速构造物体的一种新技术。近年来，科学家将目光放到了DNA与3D打印结合运用上。DNA 是生命体的最基本信息单元，科学家首先想到的是将 DNA 3D 打印应用到医学领域，解决 3D 打印人体活性器官时细胞难以按特定空间结构布局的难题。由于 DNA 序列有相互识别的功能，科学家将特定的 DNA 片段安装在拟打印的细胞外膜，通过碱基序列互补的 DNA 片段互相识别结合，碱基序列不互补的则无法识别结合来实现接近自然器官的模型，相信该技术未来将解决器官移植严重不足的难题。DNA 序列互补这一特性还将与 3D 打印技术结合应用在人体的损伤修复等方面，研究者将这种智能识别并结合的特点称为“智能胶”。另外，3D 打印技术还可以改变 DNA 的双螺旋结构，通过设计组装成特殊几何结构的支架，作为运载药物的微型运输工具运送药物。科学家甚至开始试验利用 3D 打印再造了牛奶 DNA 序列，并以酵母菌作为生产载体生产出了牛奶蛋白。另外，利用面部特征特有的基因及变体信息，将能实现提取到嫌疑人 DNA 即可采用 3D 打印技术获得接近真人长相的嫌犯头像。利用 3D 打印还能设计 DNA 特殊结构形态满足各类需求，或利用 DNA 指导特定蛋白并 3D 打印人类需求的生物材料，这也将成为未来主要发展的两个重要方向。

基因模块

随着生物学的深入研究，基因互作、基因与蛋白质互作、蛋白质间的互作技术日益成熟，不同类型的分子网络逐渐清晰。生物体的某些功能往往通过这些分子网络得以实现。目前，合成生物学将电子工程中概念引入生物学中，将功能基因作为电路元件，采用多基因组装整合形成一个具有某种生物学功能的基因模块。以农业为例，未来可能会出现一个农业生物定制化工厂，工厂中有针对不同生物学功能需求而组装成的一个个基因模块。例如，可以在玉米基因组中整合一套玫瑰香味合成的基因模块来生产带有玫瑰香味的玉米；在南方水果的基因组中加入几套低温耐受、口感改良相关的基因模块，就能让它在北方生长并保持良好的口感；在绿化植物中加入一套超级光合作用基因模块，就能让地下停车库绿意盎然。当然，我们还可以在这些基因模块中加入开关，让它根据环境的变化随时开启或关闭功能。例如，未来可以设计自动环保型微生物，这类微生物的基因模块可以自主感知环境中特定污染物的浓度，一旦浓度超过环保标准，降解基因模块将被激活并发挥作用，浓度下降到一定值时，该模块则停止工作。

7. 基因合成

如果说 21 世纪是生物世纪，那么身在其中的每个人都注定不会只是看客。随着基因技术的发展，人工合成基因已成为可能，如微生物发酵方式制备治疗疟疾的青蒿素，已成为量产的常规方式。基因合成将在农业育种、精准医学、环境检测与治理、新型材料合成等方面发挥出巨大作用。探究这一技术的奇妙之处，需从那些历史画卷中的动物说起。

我国首个且唯一一个国家基因库出现了已灭绝近万年的猛犸象基因，在基因科技飞速发展的今天，它竟有可能复活！猛犸象，作为冰河时代典型的标志性物种，曾是世界上最大的象，但由于气候变化，在约 10 000 年前就销声匿迹了。哈佛大学的科学家尝试利用基因编辑工具从长毛猛犸象的残骸上获取基因，然后拼接到亚洲象的 DNA 上，从而培育出特殊的杂交胚胎，最后找到代孕母体来孕育生产猛犸象个体。如果这一研究进展顺利，未来某天，一种具有猛犸象特征的亚洲象“混种”将活生生地出现在人们面前。

除了猛犸象外，“长江女神”白鳍豚、恐龙、渡渡鸟……都有可能在不远的将来上演“博物馆奇妙夜”。通过基因合成与编辑及相关辅助技术复活已灭绝的物种，也许将成为保持生物多样性的一种有效手段。

蛋白质的结构有无限可能，按照人们的需求设计并制造出自然界中不存在的蛋白质，有可能实现多种神奇的功能，如用来制作类似于蜘蛛丝的超强材料、新型防刮膜有机太阳电池。“脑洞大开”的科学家还发起了“人类基因组合成计划”，未来将会在一个细胞系中就可以合成完整的人类基因组，在道德伦理允许的情况下实现人造人。

通过基因合成，可以获得尚不存在的新基因，为人类改造生物开辟了一个全新的方向，在可预计的将来，基因合成将在生命科学领域发挥巨大作用，它会使植物带有我们喜爱的形状和味道，帮助病痛患者开发个性化药物，改造合成检测重金属超标的微生物……它将是“生命科技让生活更美好”的最佳诠释。